JN221199

最強の未公開企業

ファーウェイ

冬は
必ずやってくる

田濤　呉春波
TIAN Tao　WU Chunbo
[監訳]
内村和雄

東洋経済新報社

Original Title:
『下一个倒下的会不会是华为』

Original Simplified Chinese character edition published by China CITIC Press
Publication rights for Japanese edition arranged with Tian Tao,Wu Chunbo
through KODANSHA BEIJING CULTURE LTD. Beijing,China

刊行に寄せて

「ファーウェイが製品を通じて他国の通信を
「盗み聞き」していると言うが、
そんなことをするには任氏は賢すぎる。

――サイモン・マレー」

本書は一企業ではなく、一人の男の物語である。先見性、勇気、決断力、誠実さ、高潔さ、寛容さ、不屈の精神など、リーダーに必要とされるあらゆる資質を兼ね備えた類い希な男の物語だ。人生において「何かになりたい」のではなく「何かをなしとげたい」と考える学習者にとっての必読書である。

かつて人民解放軍工兵部隊の下級士官だった任正非氏は、退役後の1987年、わずか2万元を元手にビジネスを始めた。時代は携帯電話の黎明期。AT&T、ブリティッシュテレコム、ケーブル・アンド・ワイヤレス、フランステレコム、ドイツテレコムなど、長年にわたって通信市場を独占してきた「恐竜」たちは、手のひらに載る携帯通信端末の登場とともに新興の「蟻」たちに襲われようとしていた。そのなかの一匹――中国のファーウェイは、わずか3人の従業員と今にも底をつきそうな資金で創業した民営企業だった。米国、欧州、日本などの外資企業や、中国政府から経済的・政治的支援を受けた国有企業が闊歩する市場で、彼らは何とか活路を見出そうともがいていた。

そして今日、ファーウェイは世界160カ国で事業を展開し、15万人の社員を擁するグローバル企業に成長した。そのうち8万人以上が自社の株式を持つ株主でもある。任氏が所有する株式はわずか1・4%に過ぎず、彼は残りをすべて社員たちに分け与えた。これにより、ファーウェイは100%の株式を社員が所有する希有な企業となっている。

本書はファーウェイの驚くべき成功とその理由だけではなく、任氏の哲学や知恵、謙遜、そして素晴らしい企業文化を教えてくれる。世界中の企業はそこから多くのことを学べるだろう。米国はファーウェイがその製品を通じて他国の通信を「盗み聞き」していると言うが、そんなことをするには任氏は賢すぎる。もしそれをして一度でも露見すれば、ファーウェイは一巻の終わりだと彼は知っているのだ。盗み聞きなど他人に任せるだろう。

恐竜がいつか死ぬことは誰もが知っている。モトローラやルーセントなど、倒れた恐竜たちは戦略が散漫だったり、誤った道を進んだり、優先すべきはテクノロジーではなく顧客ニーズであることを忘れたりした。本書はそのような企業の栄枯盛衰についても考察している。重いテーマだと思うかもしれないが、そうではない。ファーウェイの物語は競争の興奮にあふれ、同時に任氏の静かなる哲学と知見が見事に融合している。任氏は温かみに満ちたリーダーである。彼を知れば知るほど、その他の〝ビジネスヒーロー〟たちは冷淡で温かみが足りないように思えてしまうのだ。

サイモン・マレー（略歴）
香港のプライベートエクイティ投資会社GEMSの創業者兼会長。独立系石油開発会社ガルフ・キーストーン・ペトロリアムの非常勤会長も務める。アジアで40年以上のビジネスキャリアを持ち、多数のエネルギー関連企業やインフラ関連企業のボードメンバー、顧問などを歴任した。1940年英国生まれ。

ファーウェイの物語は従業員によって所有される企業の物語であり、控えめな創業者の、独自の経営哲学の物語である。

——ウィリアム・A・オーウェンズ

情報通信技術は急速かつ絶え間なく発展し、人類の生活をより効率的で充実したものにしてきた。電話の発明以来、消費者はその普及と技術基盤の進化から多大な恩恵を受けている。瞬時に情報にアクセスして意思決定を下すのは、いまや当たり前のことだ。すべてのものがインターネットにつながる「IoT」（Internet of Things）の時代を迎え、通信のスピードと信頼性に対する我々の期待はますます高まっている。いつでもどこでもネットに接続できるコネクティビティ（接続性）の向上は、世界をよりよい場所にした。そして今日、情報通信技術の進化を牽引するリーディング・カンパニーのひとつとなったのがファーウェイである。

ファーウェイについて語ることは、創業者である任正非氏について語ることにほかならない。彼という人物を、改革解放後の中国が輩出した最も成功した民営企業家という枠組みで理解するのは難しい。任氏は控えめな男であり、ファーウェイの始まりもつつましやかだった。彼は誇り高き中国人であり、人民解放軍の元士官である。しかし西側メディアのステレオタイプとは裏腹に、彼は軍のキャリア組ではなかったし、誰かが誤報した「将軍」でもなかった。

私と任氏の付き合いは10年以上になる。ファーウェイに関しても、その独自の企業文化や核心的価値観、創造性に対して興味と尊敬の念を抱いてきた。私がノーテルネットワークスのCEO（経営最高責任者）を務めていた時、ファーウェイは直接の競争相手だった。そして私は、同社がグローバルな通信業界での成功を決意し、揺るぎなき姿勢で臨んでいることにすぐに気付いた。任氏は辛抱強さ、創造性、そして事業へのフォーカスを巧みに配合しながらファーウェイを導き、同社を確固たる地位へと押し上げた。今日の通信業界において、ファーウェイは技術革新力と経営力のレベルで最先端を走っている。

任氏との交流は、ファーウェイとノーテルの合併の可能性を話し合う一連の会合から始まった。この合併は結局実現しなかったが、私は任氏と過ごした時間から彼の人となりを理解し、そして友情が芽生えた。マホガニーで装飾された重役会議室で何度も会ったことや、中国の「鶏肋」[1]の故事について彼と議論したことは印象深い思い出だ。我々の会話は通訳を介していたものの、任氏が語る叡智は言葉の壁を超越していた。彼の献身的努力、世界戦略、そして思慮深さに触れ、私は任氏のリーダーシップの下、ファーウェイがいつの日か通信業界のリーディング・カンパニーになると確信した。

彼は私が知る他の偉大な人々と多くの共通点を持っている。例えばロス・ペロー・シニア氏[2]の執務室の外側には、米国北西部の美しい景色の上空を一羽のハクトウワシが飛んでいる絵が飾られており、「ワシは群れない」という言葉が添えられている。そして任氏は、まさに群れない経営者なのだ。

ファーウェイという「オオカミ」は世界中の市場で猛烈に競争してきた。そして、移動体通信および光ファイバー通信の機器設備でスウェーデンのエリクソンと並ぶ圧倒的なマーケットリーダーになった。この成功はファーウェイのユニークな企業文化、事業への献身、強力なマネジメント、プロジェクトの正確な執行、個々の社員の責任感などによって精緻に成し遂げられた。

ファーウェイは、独自の企業文化に基づいた新たなマネジメントのスタイルを作り上げた。それは辛抱強さと謙虚さの文化であり、「将来ほぼ確実に起きる失敗」を遅らせるためにあらゆる手を尽くす文化であり、「自分のやり方で挑戦する」文化である。このような哲学とファーウェイの従業員持株制度[3]は、同社の株式公開を困難にしている。株式を上場すれば、四半期ごとの業績に一喜一憂しがちな外部の株主に会社の命運をゆだねることになるからだ。

「献身」(dedication)は奥の深い言葉である。任氏は自らの事業と顧客に対する揺るぎなき献身の精神と実践を通じて、彼の部下たちを感化した。任氏はひたすらビジネスに神経を集中し、社員たちもそれに倣ったのだ。

任氏は常に将来を見据えている。それは、経営環境に左右されることなく一貫してR&D(研究開発)に投資し続けていることに端的に表れている。彼は長期的ビジョンの重要性を欧米のコンサルタントから学んだが、私は任氏の生来の性格も影響していると考えている。任氏は知っているのだ。献身的で長期的ビジョンを持つ企業であり続けることが、通信業界のエンタープライズ向け技術で世界屈指のポジションを将来も維持するために不可欠であること。

私は元軍人として、何人もの有能で際立った戦略家を知っている。だが、任氏ほど造詣の深い戦略家に巡り会うことは稀だ。彼は世界を学び、市場を学び、様々な知識を集め、自分のビジネスの落とし穴がどこに潜んでいるかを判断する。そのおかげで、ファーウェイは通信業界の景気の浮き沈みをどちらもチャンスに変えてきた。激しい環境変化を乗り切るため、時には業界のトレンドと逆の道を進むことも厭わなかった。

米軍に30年間服役した私は、大戦略とはどういうものかを多少なりとも理解しているつもりだ。

任氏は数十年間にわたって、政治、金融、市場はもちろん、忍び寄る〝ブラック・スワン〟[4]への対応をも包括した大戦略を推し進めてきた。その精髄を余すことなく紹介する本書は、MBA（経営学大学院）の素晴らしい教材となることだろう。

ファーウェイの目覚ましい躍進は複数の国々――特に米国と英国――において、同社製の通信機器には機密情報を収集する機能があるという疑念を抱かせた。その真偽は証明されていないが、ファーウェイは政治的思惑の影響を受け、これらの国々で公正な競争から締め出されている。にもかかわらず、ファーウェイはエリクソンと並ぶ情報通信設備の世界的リーダーとなった。それは同社の並外れた実力を物語っている。

本書が描いたファーウェイの物語は、従業員によって所有される企業の物語であり、そのリーダーである控えめな創業者の物語であり、独自の経営哲学の物語である。この予測不可能な世界において、我々がビジネスの新たなアプローチを模索するための指南書となろう。

ウィリアム・A・オーウェンズ（略歴）
カナダの通信機器大手、ノーテルネットワークスの元CEO（経営最高責任者）。1962年に米海軍に入隊し、第6艦隊司令官、ビル・クリントン政権の統合参謀本部副議長などを歴任。退役後はノーテルを含む多数の上場企業のボードメンバーを務めた。1940年米国生まれ。

［訳注］

（1）詳しくは第1章30ページの本文および48ページの注釈を参照。

（2）米国のITサービス大手EDS（エレクトロニックデータシステムズ）を創業した実業家。共和党、民主党の二大政党に属さない独立系として大統領選挙に立候補した政治家としても知られる。

（3）詳しくは第5章を参照。

（4）事前に予想できなかったり、確率が極めて低かったりするが、実際に起きた場合の衝撃が大きい事象を意味する。かつて「ハクチョウ」はすべて白いと信じられていたが、後に黒い「コクチョウ」が見つかったことに由来。

目次

刊行に寄せて

序章 次に倒れるのはファーウェイか …… 17

第1章 孤高の経営思想家 …… 23

孤独に耐え、我が道を歩む 24
商人は政治を語らず 26
成功とは生き延びること 29
偉大な商人の条件 32
ただひとつのことだけを 35
モトローラとの蜜月と決別 38

第2章 どこまでもオープンに …… 51

迂回戦略で先進国市場へ 42
20年先を見据えた戦略設計 45
ワング・ラボラトリーズの教訓 52
「ブレーキはどこにある？」 56
米国という導師の拒絶反応 59
オープン路線こそ活路 62
シスコの唐突な攻撃 64
かつての敵を友に変える 67

第3章 開放と閉鎖 …… 71

沈黙の10年 75
全面オープン化を決意 78
反対意見を許す勇気 82

第4章 妥協という名の芸術 …… 85
「大国の興亡」の啓示 86
賢い妥協と愚かな妥協 90
独裁はリーダーの天性 92
権力を鳥カゴの中に入れる 94

第5章 顧客至上主義 …… 97
目は顧客に、尻は上司に向けろ 99
名門ルーセントの栄光と転落 102
株価至上主義の煩悩を捨てる 105
生き延びることこそ勝利 106
顧客はファーウェイの魂 108
共存共栄を求め英雄になる 111

第6章 奮闘者だけが生き残る ……115

命の危険を顧みない奮闘 117
「世界最高峰」の基地局 122
マットレス文化 124
全社員が経営者 128
ファーウェイが上場する日 131

第7章 灰度哲学 ……135

完璧さを求めない 136
開放、妥協、灰度 138
醜悪を拒めば拡大する 141
異論を認め蓄えに変える 143
包容力が人材を育てる 145
「放任主義の社長」 147
皇帝志向との決別 149

第8章 保守的な「革新」 155
戦略と人間には灰度を 151
変革の最大の敵は人間 156
「米国の靴」の履き方 159
小さな革新を積み重ねる 162

第9章 自己批判 165
散逸と鍛錬で筋力をつける 166
毛沢東の思想をアレンジ 168
組織の「動脈硬化」を予防 170
欧米流と中国流の融合 172
自己批判文化は中国の〝秘伝〟 175

第10章 7000人の集団辞職 179

通信業界は悪夢の連続 182
終身雇用は認めない 185
社員は株主としての利益を追求 187

第11章 均衡と不均衡の極意 191

安定するほど混乱を求める 192
「ファーウェイの冬」 195
花は五分咲き、酒はほろ酔い 198
経営とマネジメントを高次元で均衡 200
イノベーションは半歩先まで 202
「灰度哲学」で硬直化を避ける 204

あとがき 207
ファーウェイの冬 211

序章

次に倒れるのはファーウェイか

1987年――。任正非という中年の男は、当時の中国社会の潮流に乗り遅れていた。この年、彼は数え年で44歳だった。中国語で「4」という数字は死や消失を意味する。だが、2つの「4」を加えて「8」になると、中国南部の方言では裕福になることを意味する「発」と同音になる。また、2つの「4」をかけた「16」は、順調を願うという意味の「要順」と同音だ。

運命の奥深さを感じさせるこの年に、任は商人としての第一歩を踏み出した。この時、彼は軍を退役して既に数年が過ぎていたが、何をやっても思うようにいかず悶々とした日々を送っていた。

だが、一念発起してファーウェイ（華為技術）というちっぽけな民営企業を創業したその日から、任とファーウェイは切っても切れない運命共同体となったのである。

1970年代末、文化大革命の終結とともに、鄧小平が改革開放という天地を覆すような経済革命を引き起こした。それまでの数千年間、中国社会では政治家と知識人がリーダーの地位を独占し、経済の主体は一貫して農業であった。商人という職業には大したステイタスもなく、成功した商人であっても政界の従属者に過ぎなかった。

だが、1978年からわずか10年足らずのうちに、中国社会はとてつもなく大きな変化を遂げた。鄧は数千年に及ぶ歴史的くびきから人々の意識を開放した。そして、商人はひとつの階層として新たな地位を築き始めたのだ。

うだつの上がらない退役軍人だった任は、まさにそのような時代の潮目に、自ら望んでか望まずか商人となる道を選んだ。こうして、深圳のとあるビルの一室でファーウェイが産声を上げたのである。

従業員は五～六人、起業資金はわずか二万元ほどだった。経営者の任は通信機器の製造に関してはずぶの素人で、当初は既製品の代理販売を生業にした。有り体に言って怪しげな「ブローカー」である。にもかかわらず、任は最初から「20年後に世界レベルの通信機器メーカーになる」という壮大なビジョンを描いていた。

だが、競争相手は市場開放が始まった中国に続々と進出した欧米や日本の通信機器メーカー、そして政府の支援を受けた大手国有メーカーである。当時の任は、さながら槍をかざして風車に突撃するドン・キホーテだった。

それから23年後の2010年、ファーウェイは米フォーチュン誌の「グローバル500社ランキング」で初めて397位にランクイン。売上高でスウェーデンのエリクソンに次ぐ、世界第二位の通信機器メーカーに躍進した。今日、ファーウェイは約15万人の社員を擁し、世界160カ国にオフィスや研究開発センターを構えている。世界の人口の約三分の一にサービスを提供し、国際特許の申請件数もトップクラスのグローバル企業である。

怪しげなブローカーから身を起こしたファーウェイが、なぜ欧米や中国のライバルを追い越し、世界第二位にまで上り詰めることができたのだろうか。

もちろん、中国の改革開放やそれに伴う急速な経済発展も重要な要素である。だが同じ時代、同じ中国の空の下には数百の新興通信機器メーカーがひしめいていた。今日、そのほとんどが既に消滅しているのだ。

ファーウェイはなぜ成功したのか。欧米のライバルは疑念を抱き、何か裏があるはずだと邪推した。メディアもファーウェイの〝秘密〟を暴こうと躍起になり、ことあるごとに針小棒大に報じてきた。

確かにファーウェイに対する疑問は尽きない。例えば、15万人の社員の大半は大卒や大学院卒のエリートである。これほど多くの知識層をどのようにして統率し、彼らの能力や潜在力を引き出しているのだろうか。創業者であり社員たちの精神的支柱でもある任は、ファーウェイの発行済株式のわずか1・4％しか保有していない。にもかかわらず、彼はどのようにして圧倒的権威を築き上げ、それを20年以上も保ち続けているのか。これらに明快に回答することができれば、成功の秘密は自ずと解き明かされるだろう。

ある欧米メディアは、任のことを「ファーウェイというビジネス帝国の教父」と呼んだ。そこに任を貶める意図はないとすれば、この解釈には一理ある。そもそも任は人真似をする人間ではない。伝統的なマネジメントの教科書の理論に倣うことなく、独自の「宗派」を立ち上げた教父なのである。

ファーウェイの成功は、任の哲学の成功である――。そう述べても過言ではない。任は次のように語っている。

「我々には何のバックグラウンドもなく、何の資源もない。自分というもの以外、何ひとつ持ち合わせていない。従って、あらゆる進歩は他の誰でもない、すべてが自分次第なのだ」

思考とは孤独である。創業から20年以上にわたり、任の思考的興味がファーウェイから離れたことは片時もなかった。44歳で商人となった一人の男、ゼロから起業した退役軍人、決して他人の後ろを歩まない理想家は、自分自身とファーウェイに対して最初から気の遠くなるような高い目標を課し、それをやり遂げる使命感のために全身全霊を捧げた。

任には娯楽やスポーツを含めて趣味らしい趣味がない。読書と思索が唯二つの例外だ。友人もほとんどいない。学生時代も、軍隊時代も、政界にもビジネス界にもである。他者とのコミュニケーションは得意であり、中国のことや世界のこと、経済、政治から歴史、文化に至るまであらゆる話題を自信たっぷりに語る。だが、それらのテーマがファーウェイから離れることは決してない。

実践とは苦難である。ファーウェイの経営について、任はこう語ったことがある。

「社外の環境変化も激しいが、最も難しいのは社内だ。10万人以上の社員がいて、さらに毎年1～2万人が入社してくる。しかも、その一人ひとりが個人の考えと利益を持っているのだから」

彼らを鼓舞し、駆使し、教化しながら世界中の市場を攻略するためには、指揮官が脳漿を絞りきって「知恵を出す」だけでは足りない。自ら最前線に立って「体力を振り絞る」ことも必要だ。任は70歳になった今も携帯電話の電源をほぼ24時間オンにし、一年間の三分の一以上を世界各地の出張先や飛行機の上で過ごしている。

死は永遠のテーマである。あらゆる組織の運命は、突き詰めて言えば「いかに死を先送りできるか」にかかっている。しかし通信業界の変化は残酷なまでに激しい。この20年余りの間に、かつて「向かうところ敵なし」と思われていた名門企業がいくつも姿を消していった。

そんななか、ファーウェイは今日まで生き延びることに成功した。

だが、次に倒れるのは誰だろうか。ファーウェイも盛者必衰の理から逃れることはできず、先輩企業の轍を踏むことはないのか。過去20年の成功をもたらした任のビジョンや哲学を揺るぎなく受け継ぎ、次の20年も勝ち続ける覚悟があるのだろうか。

これらこそ、筆者が本書で解き明かそうとした問いである。

第1章 孤高の経営思想家

任正非は1944年、貴州省の山間の小さな町で生まれた。彼の祖籍[1]は浙江省浦江県であるため、ある研究者はこの中国ビジネス界の異端児を「浙江商人」のくくりに入れている。浙江商人は現実的で、信用を重んじ、商売は商売として割り切り、派手な振る舞いを避ける。また、仲間意識が強く徒党を組みたがる面も持っている。だが、任にはそのような特徴がまったく見られない。

それよりも、任は自分を「貴州人」と呼ばれたがっているようだ。深い山に囲まれ、雨が多く、外界から隔離された貴州の山奥で、彼は孤独で多感な少年時代を過ごした。餓えや貧困、政治的な差別[2]、大家族、純朴な風俗、閉ざされた地形、悲しいほど乏しい情報――。このような自然環境や社会的背景、家庭の状況、時代的な要因などが、任の心の奥底に深い襞を刻んだ。孤独を感じ、孤独に耐え、ひいては孤独を楽しむ。これこそが彼の性格の本質的特徴なのだ。

孤独に耐え、我が道を歩む

任の妻は、かつて夫に対してこんな不平をこぼした。「あなたには幼友達も学友もおらず、軍隊時代も、会社にも友人がいない。こんなに友達が少ないのに孤独だと思わないの？」

任自身は、ファーウェイ（華為技術）の国際イベントでこう述べたことがある。

「私はいかなる政府の役人とも私的な交友がない。親密な事業パートナーもいない。中国の企業家たちとの付き合いは、過去20年の間にレノボの柳伝志や万科の王石と数回交流したことがある程度だ。メディアとの付き合いもまったくない。自分の私生活は辛く、とても寂しい。一緒に遊ぶ友人もおらず、現場の従業員との距離はさらに遠い。しかし会社の均衡状態を保つためには、私がこの寂しさに耐え、孤独を受け入れなければならないのだ」

交流せず、徒党も組まない。これは任の性格である以上に、一種の社会的認知や役割の自覚によるものだ。中国の企業家たちがサークル作りに励み、輪の中に入ろうと躍起になり、人脈を利用しようと熱中している傍らで、任は政財界やメディアとの付き合いをひたすら拒み続けてきた。

「私自身にも会社にも、そのような必要もなければ義務もない。ファーウェイは注意深く慎重に我が道を歩み、自分のすべきことをするだけだ」

経済メディアは中国各地で様々なテーマのフォーラムを開催している。そして、宣伝のために発表される「ゲスト講演者」のリスト上には、任やその他のファーウェイ幹部の名前がしばしば書き込まれている。ところが蓋を開けてみると、彼らがフォーラムの壇上に姿を見せたためしはない。

このことについて、任は苦笑しながらこう語った。「名前を宣伝に使われるのは別に大したことじゃない。メディアだって生きていかなきゃならないからね。しかし我々の方針は変わらないから、参加しないだけのことだ」

任は国内外のメディアのインタビューを一度も受けたことがない。[3] いかなる理由があるにしても、その頑なさは類を見ないものだ。褒めるも自由、けなすも自由。メディアに対する非協力は、長らくファーウェイの企業戦略のひとつだった。対外的な広報宣伝戦略を全面的に見直した今も、任は自分に対してある〝特権〟を与えている。「君たち(会社の幹部)が取材を受けるのは構わないが、私だけは遠慮する。メディアとのやりとりは私には似合わない」

彼は静寂を好むのか、それとも外界の喧噪を恐れているのか。筆者には知る由もない。だが、任はファーウェイの高級幹部に対して「富可敵国」(個人が国家に匹敵するほどの財産を築くこと)の故事をしばしば語り、次のように忠告してきた。

「中国では国から目の敵にされるほど富を築いてはならない。ビジネスの夢を叶えたいなら、社会との係わりを自制し、目立たないようにすることだ」

任はこうも語っている。「ファーウェイの所有者は誰なのか？　私は1%ちょっとの株式を持っているにすぎない。[4]もっと多く保有することを望んでいないわけではないが、その勇気がないのだ。中国には『肥えた豚は年の瀬に殺されやすい』という格言がある。現在の中国の体制下では、私のやり方は賢いのかもしれない」

商人は政治を語らず

改革開放から三十余年。客観的に見て、中国ではまだ「富可敵国」と言えるような民営企業や経営者は登場していない。エネルギー、金融、通信、軍事産業など「富可敵国」の商人が登場しうる分野は、国有企業によって独占されている。一方、製造業、インターネット、不動産などの業界からは李彦宏、馬化騰、張茵、潘石屹などの富豪が輩出した。[5]とはいえ国全体や巨大な国有企業と比べれば、彼らも取るに足らない存在にすぎない。

これは中国の歴史や文化、政治体制などにより形づくられた構図なのである。

とはいえ、中国では商人が物事を政治的に考え、意思決定することが多いのも事実だ。過去数十年にわたり、高度経済成長、グローバル化、ネットワーク化、都市化などの大変化を経験してきたこの国にあって、政治の話題に対する商人の興味は永遠に変わらないように見える。彼らの多くは政治家への転身を希望しているわけでもないのに、政治談義に夢中になり、なかには政治的な「肩書き」を得たいと願う者もいる。一体どうしてなのか。その理由は（商人という地位に対する）安心感の欠如だと言われている。

2012年3月の全国人民代表大会（全人代、中国の国会に相当）では、総勢2987名の議員のうち156名が上場企業のトップだったという。家電大手のハイアール・グループ（海爾集団）を率いる張瑞敏は、2001年に「全国優秀共産党員」の称号を与えられ、翌年から共産党中央委員会候補委員を務めている。IT大手のレノボ・グループ（聯想集団）の総帥である柳伝志も、共産党全国大会代表や全人代議員、中華全国工商業聯合会副主席などを歴任した。

ところが、中国のビジネス界で張や柳と並び称される任は、軍隊時代の1982年に全人代議員に選ばれたのを最後に、政治に係わるいかなる肩書きも役割も担ったことがない。中央政府はもちろん、地方政府の議員や政治協商会議[6]の委員さえ引き受けていないのだ。

もちろん、これは共産党や政府がファーウェイという中国最大級のIT企業に関心がないからではなく、任自身の信念に基づいた選択である。「商売は商売と割り切り、政治的な計略を持ち込まない」。任は20年以上にわたって、そう繰り返し強調してきた。

こんな逸話もある。かつてファーウェイのある中堅幹部が、中華全国青年連合会[7]の委員の候補に選ばれたことを会社に報告した。それを聞いた任は、彼に対してファーウェイに残るか、それとも青年連合会の委員になるか、どちらか一方を選択するよう求めた。そして彼は会社を辞めたのだが、結果として青年連合会の委員にもなれなかった。青年連合会が求めていたのは彼ではなく、ファーウェイの青年幹部というステータスだったからだ。

ファーウェイには、いかなる社員も街頭デモに参加したり政治的意見を発表したりしてはならず、違反者は解雇されるという内規がある。これに対し、研究開発部門の一部の社員が「中国憲法が保障する権利を侵害しており、このような規則を会社が定めることはできない」と不満を漏らした。すると任はこう答えた。「よかろう。国民の権利だと言うなら、自由にデモに行くがいい。だが、私は君たちにファーウェイを去ってもらいたい」

「商人は政治を語ってはならない。ファーウェイは純粋かつ徹底したビジネス組織であるべきだ。政治とビジネスの癒着やもたれ合いなど、中国の商業史の悪しき伝統とは完全に決別しなければならない」。任は自分自身や社員に対して、そんな厳しい一線を引くことを課しているのだ。

政治的な追い風を受けて急成長した事業が、風向きが変わった途端にたちまち崩壊する。中国の商業史をひもとけば、戦国時代の呂不韋から清朝の胡雪岩や喬致庸(8)、そして今日に至るまで、そのような悲劇が幾度となく繰り返されてきた。歴史好きの任は、無数の教訓の中からとてつもなく大きな危機の気配を感じ取っているのだろう。

成功とは生き延びること

「戦略」とは何だろうか。「戦」とはすなわち攻めること。突破口を切り拓き、攻撃的に前に進むことだ。一方、「略」とは策略、計画、設計である。また、「戦」の拠り所は戦士たちの勇気や決意、意志、チームワークであり、「略」の拠り所は知恵、理性、判断力である。「略」にはもうひとつ、放棄、犠牲、やむを得ない省略などの意味もある。

突き詰めて言えば、戦略とは「私は誰か」「何ができるのか」「何ができないのか」という三つの問いに答えることだ。「私は誰か」は戦略の根本となる位置付けである。任は自分自身の位置づけを「純粋な商人」とし、ファーウェイについては「通信機器メーカー」としている。この位置づけは1998年にまとめられた「ファーウェイ基本法(9)」で明確化され、以来ひとときも揺らいでいない。

一方、「何ができるのか」「何ができないのか」という問いには、戦略の設計や方向性、リソースの配分や集中度などが関わってくる。戦略を組み立て、その方向性が決まったとしても、いつ、どこで、どのように戦うかは環境の変化や時間の経過とともに変わり続ける。戦略的思考は永久に不変ではありえないのだ。

ファーウェイの戦略について、任は様々なことを述べている。

「ファーウェイの成功の秘訣は、〝鶏肋戦略[10]〟を絶えず続けたことにある。欧米企業が見向きもしないような不毛な市場を、我々は地道に一歩ずつ開拓してきた。これがファーウェイの揺るぎない基盤になった。欧米の通信機器メーカーが危機に陥った原因は、利益率が高すぎたことだ。一方、我々は暴利を求めなかったからこそ生き延びた。こんな薄利だからこそ、わずかな生存空間の中で生き延びる術を身につけざるを得ず、そのおかげで経営力が高まったのだ」

「戦略において短期的成果を求めるのは欧米企業の弱点である。モトローラ、ノキア、エリクソンなどがもし上場企業でなかったら、我々は永遠に太刀打ちできなかっただろう。同様に、我々がシスコシステムズやアップルに追いつくのも夢ではない。彼らの戦略的な基盤やリソースは我々よりはるかに充実している。しかし彼らは、短期的な利益を求める株主に対して責任を負わねばならない。一方、我々にはそういった負担はないのだ」

「いつも上位を狙ったり、首位を無理やり奪おうなどと、博打の誘惑に駆られてはならない。ヒマラヤの山頂はとても寒く、そこで生き延びるのは難しいのだ。ファーウェイの最低限かつ最高の戦略は『生き延びる』ことである。他者より長く生き延びることができれば、既に成功者なのだ」

「全方位的な攻撃戦略など、一切考える必要はない。我々にそんな実力はないのだから。ファーウェイよりはるかに実力のある欧米企業でも、そのような力量は備えていない。彼らも四方八方手当たり次第に出撃すれば、たちまち危機に陥るだろう。戦いの各段階において際立った戦略的突破口を定めることが肝要であり、むやみに戦線を広げてはならない」

「ファーウェイにとって2000年は転換点だった。ITバブルの崩壊で、世界中のハイテク企業が破綻の淵に追い詰められた。そして、我々はその機に乗じたからこそ今日の局面を迎えることができたのだ。他人にとって危機かもしれないことが、我々にとってはチャンスになり得る。重要なのは、我々がそのような慧眼と胆力を備えなければならないことだ」

「グローバル競争とは、突き詰めて言えば戦略の競争だ。中国のビジネス界はまだ米国のような戦略家を輩出していない。しかし、だからこそ我々は冷静に考える必要がある。ファーウェイは今後も相当長い間、欧米企業の後追い戦略を続けなければならない。その過程でチャンスを待つのだ。我々より聡明なライバルがミスを犯すその瞬間を」

「我々は誰とでも相乗りしなければならない。左手にはマイクロソフトの傘を、右手にはシスコの傘を持っておくのだ。戦略的同盟に期待してはならない。ある者と同盟を結べば、それ以外の者はみな敵になってしまう」

「戦略家とは、日和見主義ではない者だ。目標を決めたら全てを賭け、取るに足らない利益の誘惑を断ち、思い定めた道を真っ直ぐに歩む。小知恵を働かせてはならず、柔軟性や機動性に頼ってはならない。戦略家は揺るぎない意志を持たなければならないのだ」

偉大な商人の条件

商人の生まれながらの使命は冒険である。無数の仮説の中から確かなものを探し出し、あらゆる可能性の中から最大公約数を求める。偉大な商人とは偉大な冒険家であり、人類の商業史は彼らの血と涙で彩られた物語だ。

1984年、当時35歳だった張瑞敏は、ハイアールの前身の国有企業、青島冷蔵庫総廠の工場長に任命された。彼の最初の任務は、品質に問題のある冷蔵庫76台をハンマーで叩き壊すことだった。そこから張の輝かしくも波乱に満ちた企業家人生が始まった。

同じ年、40歳だった柳伝志は同志たちと共に中国科学院計算機研究所を退職し、コンピューター技術の研究開発会社を起業した。それを基盤として、後のレノボが発足したのである。柳は今や、メディアから「中国ビジネス界の教父」と高く評価される存在だ。

柳と同い年の任正非は、84年当時はうだつが上がらない退役軍人[11]であり、深圳の漁村につくられた石油基地のメンテナンス会社で働いていた。そして三年後の87年、自分の退役手当3000元を含む2万1000元を集めてファーウェイを起業した。

創業の数年後、任は柳に会うために北京を訪れている。それから十数年が過ぎた2008年、中国ビジネス界の二人の巨頭が北京郊外の景勝地、西山の奥にあるリゾートクラブで再会を果たした。そして席に着くやいなや、任はこう切り出した。「柳さん、私はあなたに感謝しています。あの時、あなたは私に誠実に向き合ってくれた。あなたの言葉はすべて真実でした」

改革開放の幕開けから30年余りの年月の中で、数えきれないほどの企業家――成功者にしろ失敗者にしろ――が中国に誕生した。だが、本当の意味で模範と呼べる人物は多くない。そんななか、張、柳、任の三人は世界の企業家たちと肩を並べることができる「中国の模範」だろう。

彼ら三人はいずれも冒険家の精神を持ち、先の見えない暗闇の中で追随者のために道を開き、方向を示すことができる人物だ。また、三人はみな自分自身の原則や規範を持っている。だからこそ、彼らが創業した会社には明確な価値観があり、それを社員や顧客に浸透させることができた。三人は卓越した経営思想家であると同時に、優れた教師でもある。さらに、無の中から有を見出し、限られた資源の中から最大限を引き出す戦略家でもあるのだ。

もっとも、二十数年前にビジネス界に身を投じたばかりの頃、彼らは会社の将来像について明確なビジョンは持ち合わせていなかった。改革開放の総設計士と呼ばれる鄧小平の言葉を借りるなら「摸着石頭過河」(川底の石を探りながら河を渡る)[12]。まさにそのような混沌の中で、三人は生来の冒険心を頼りに、偉大な企業家への道を歩み始めたのである。

しかし一部の研究者は、張と柳の二人について次のように批評している。「彼らは世界レベルの企業家であり卓越した人物だが、惜しむらくは多角化の日和見主義に走ってしまった。企業グループの規模は大きくしたが、偉大とまでは呼べないかもしれない」

張が率いるハイアールは1993年に株式を上場。その後も急成長を続け、中国で最も成功した家電メーカーとなった。そして2000年代に入ると、張は多角化の道を邁進した。冷蔵庫、エアコン、テレビなどの家電製品に加え、パソコンや携帯電話などのデジタル機器、システムキッチン、不動産開発、外食チェーン、医薬、保険などの分野に相次いで参入したのである。

だが、これらの新規事業の中で、それぞれの業界のトップに成長したものはほとんどない。むしろ業績不振で青息吐息の事業もある。一方、家電製品の技術は既に成熟し、ハイアールの競争優位は薄れつつあるのが実態だ。

レノボの柳もまた、張とほぼ同じ時期に多角化へと舵を切った。コンピューターの研究開発から、IT製品の販売、ベンチャー投資、アセットマネジメント、不動産開発、外食チェーン、農業、酒造などにまで続々と手を広げた。しかしハイアールと同様、業界トップになった新規事業はほとんど見当たらない。例外は2004年にIBMの事業を買収し、10年をかけて世界シェア首位に上り詰めたパソコン事業である。

ただし張と柳の名誉のために付け加えれば、企業家にとって多角化もまた一種の冒険である。ハイアールの主力事業の家電も、レノボのパソコンも、1990年代末の時点で既に市場が過当競争に陥っていた。戦略の方向転換を急がなければジリ貧になる恐れがあったのだ。多角化はそのような逼迫した状況下でのやむを得ない選択であり、張と柳に卓越した戦略把握能力や資源統合力がなければ失敗に終わっただろう。二人はやはり偉大な企業家なのだ。

ただひとつのことだけを

では、任はどうだったのか。実はファーウェイも、すんでのところで不動産業に進出するところだった。ITバブル崩壊で通信業界が苦境にあえいでいた2002年頃、ファーウェイはモトローラと秘密裏に交渉し、ファーウェイのハードウェア事業を100億ドルでモトローラに売却することに合意していた。ところが、既にすべての書類が整い、あとは双方の取締役会の承認を待つだけという段階でどんでん返しが起きた。2003年9月、当時のモトローラ会長兼CEO（最高経営責任者）のクリストファー・ガルビン[13]が退任を表明。三カ月後にサン・マイクロシステムズから移籍したエドワード・ザンダーが後任に就き、ファーウェイとの合意を白紙に戻してしまったのだ。

当時の任の落胆ぶりは想像に難くない。だが、それから10年以上が経過した今、任とファーウェイはむしろザンダーに感謝すべきだろう。もしモトローラがファーウェイのハードウェア事業を買収していたら、中国にとっては新たな不動産会社が一社増えただけかもしれない。だが、世界の通信機器業界にとっては東洋の強力な新興メーカーの一社が姿を消していたかもしれないのだ。今振り返れば、モトローラはいったん手に入れたファーウェイという獲物を、狩人である自らの手で逃してしまった。しかも、その獲物はやがて狩人へと成長し、今や欧米のライバルを獲物にしかねない勢いなのだ。

歴史の真実は残酷かつ不条理で、ドラマ性に満ちている。ファーウェイはモトローラへの事業売却で手に入るはずだった100億ドルで、大規模なリゾート開発を行う目論見だったという。任やファーウェイの幹部が実際に海南省や雲南省を視察したこともあった。ところが、モトローラとの交渉は白紙に戻り、会社の発展戦略を改めて練り直さなければならなくなった。任と幹部らは議論を重ね、次のような結論に至った。

「ただひとつのことだけをやっていこう。ターゲットを絞り込み、資源を十分に集中すれば、ファーウェイは必ず成功できるはずだ。そして、欧米のライバルとの衝突はいずれ避けられない。だから心の準備をしておこう」

ある研究者は、任の経営について次のように総括している。

「幾多の書物をひもとき、万里の道を歩むも、行ってきたのはただひとつ」

考えてみれば正にその通りだ。任は長年にわたって私的な交友をほとんどせず、余暇や移動時間の大半を読書と思索にあてている。中国と世界各地の間をいつも飛び回っており、毎年の移動距離は数十万マイルに達する。しかし、任の率いるファーウェイが創業以来25年以上やってきたことは、確かにただひとつ――「通信機器の製造」だけなのだ。

先に触れたように、かつてはファーウェイも不動産投資への誘惑に駆られたことがあった。だが実際には、自社利用以外の不動産に投資したことは一度もない。それどころか、本業以外の投資をしたことがないのだ。ファーウェイは株式を上場しておらず、金融市場での財テクにも手を染めていない。こんな大企業は、中国ではファーウェイを除いてほとんど例がない。

外部のどんな誘惑にも負けず、個人や組織の様々な衝動を押さえ込む忍耐力。それこそが、ファーウェイの成功を支える大きな要素のひとつなのだ。

台湾出身の高瑞彬は、現在は豪通信大手テルストラの大中華地区CEOを務めている。アメリカの名門大学卒のエリートで、1999年当時はモトローラ中国のシステム製品部門のゼネラルマネジャーだった。高は欧米の通信業界で最も早くファーウェイという中国企業のポテンシャルに気付き、将来は欧米勢の脅威になり得ると警鐘を鳴らした。

ところが「将来」どころか、ファーウェイはその数年後には世界の通信業界に「紅い旋風」を巻き起こしたのだ。

高はファーウェイに対する分析と懸念を記した秘密レポートを書き、米本社のガルビン親子[14]に何度も送った。しかし反応らしい反応はなかった。世界の通信業界をリードする先進企業という驕りと慢心、そして中国企業に対する偏見が、彼らの理性と先見性を邪魔していたのだ。

だが、高は自分の判断を信じ、職務上の様々なルートを通じてファーウェイのトップの任と何度も面会。中国市場でファーウェイとの協業に着手した。最初に始めたのは両社の製品のセット販売だった。

モトローラとの蜜月と決別

それから数年後、任は深圳のファーウェイ本社でガルビンと対面した。当時、モトローラ帝国は既に傾きかけていた。イリジウム計画[15]の失敗のプレッシャーが、モトローラに「技術至上主義」の見直しを迫っていたのだ。ガルビンはファーウェイの「良い製品、安い価格、顧客至上」というポリシーを称賛した。そして翌年から、モトローラはファーウェイからGSM/UMTS規格[16]の無線通信設備のOEM(相手先ブランド生産)供給を受け、全世界に向けて販売を開始したのだ。さらに2006年、モトローラとファーウェイは共同で上海に研究開発センターを設立すると宣言した。

両社の蜜月は八年近く続いた。だがその間も、モトローラ帝国の凋落は止まらなかった。2010年7月、モトローラは中核事業である無線通信インフラ部門を、欧州のノキアシーメンスネットワークス(NSN)に12億ドルで売却すると発表した。

実はファーウェイも、同部門の買収を目指してライバルを1億ドル上回る金額を提示していた。だが、米政府の干渉で結局失敗に終わったのである。とはいえ、わずか8年前に中核事業をモトローラに売却していたはずのファーウェイが、この時はすっかり逆の立場になっていたのだ。

驚いたことにモトローラはその直後、同社の知的財産権を「ファーウェイが不正使用した」と主張して米国で訴訟を起こした。これに憤ったファーウェイは、モトローラにOEM供給していた通信機器の知財権や企業秘密が「NSNに不当に渡る可能性がある」とし、買収の差し止めを求める反訴を起こした。

翌2011年4月、モトローラはファーウェイに対する訴訟を自発的に取り下げ、両社は和解した。モトローラの無線通信インフラ部門はNSNに吸収され、残る携帯端末部門も同年8月、グーグルに売却された。世界の通信機器メーカーの頂点に君臨した帝国は、こうしてあっけなく崩れ去った。

永遠の友も永遠の敵も存在しない――。19世紀の英国の宰相、ヘンリー・ジョン・テンプルが遺した格言のごとく、通信業界の変化のスピードには驚嘆させられる。過去20数年間に姿を消したかつての名門企業の中で、優雅に店を畳めたケースがいくつあっただろうか。いわんや「雑草」のような無数の新興企業群は、情熱だけは大きくても資金や人材の困窮にあえぎ、大企業に踏みにじられ、跡形も無く消え去ったところがほとんどだ。

ファーウェイは間違いなく、そのなかの「生き残り」である。1987年の創業当時、ファーウェイは資金、製品、人材、技術のいずれもない「四無企業」だった。しかも、競争相手はモトローラ、シーメンス、ノキア、エリクソン、ルーセント・テクノロジー（当時）、アルカテル（当時）、ノーテルネットワークス、NEC、富士通など、歴史も実力も比較にならない外資の大企業ばかり。中国勢だけを見ても、巨龍通信、大唐電信、中興通訊[17]など政府の支援を受けた国有企業と競わなければならなかった。ファーウェイは四方を壁のように囲まれ、圧倒的に不利な立場だったのだ。

任正非とファーウェイの社員たちは、四方の壁を何とかして突破する術が必要だった。失敗はすなわち死を意味した。創業以来のファーウェイの発展史は、まるで「一匹狼」が包囲網を突破するドラマのようだ。

十数年前、ファーウェイの台頭に気付いた欧米企業は、あらゆる手段を講じて中国市場に封じ込めようとした。ファーウェイは陰に陽に様々な圧力、妨害、誹謗中傷にさらされ、それはいまだに続いている。なかでも米国のライバルは、政府や議会へのロビー活動などで「政治的城壁」を築き、ファーウェイを米国市場から締め出した。だが、ファーウェイは逆風に苦しみながらもグローバル市場への進出に成功した。獰猛なライバルに食い殺されなかっただけでなく、意外にも彼らとともに踊る「パートナー」となったのだ。

「我々は不屈の精神で、世界のライバルに一目置かれる企業を作り上げた。さらに、開放的なパートナーシップという対外戦略が、ファーウェイにより大きな成功をもたらした」。ファーウェイのある幹部はそう自己分析する。

実際、ファーウェイはグローバル化の過程であらゆるライバルと手を握ってきた。例えば、2002年には日本のNECおよび松下通信工業（現パナソニックモバイルコミュニケーションズ）と第三世代携帯電話の研究開発を行う宇夢通信科技（コズモビックテクノロジー）を。

2003年には米スリーコム（現ヒューレット・パッカード）とネットワーク機器の合弁メーカー、華三通信技術（ファーウェイスリーコム）を。2005年には独シーメンス（現ノキアシーメンスネットワークス）とTDD（時分割複信）方式の次世代無線通信技術を研究開発する鼎橋通信技術（TDテック）をそれぞれ設立。カナダの通信機器大手ノーテルネットワークスや、米ソフトウェア大手シマンテックなどとも合弁会社を作った。前述したモトローラとの提携は、これらに先んじて始まっていた。

「分久必合、合久必分」（天下の分裂が久しければ必ず統一され、統一が久しければ必ず分裂する）――。これは「三国志演義」の冒頭で示される歴史観である。群雄割拠のグローバル市場に新興勢力として登場したファーウェイは、幾多の強敵と激しく衝突すると同時に、同盟や協力も追求してきた。他社製品とのセット販売、特許のクロスライセンス、大型プロジェクトへの共同入札、次世代技術の共同研究など、方法は様々だ。例えばプロジェクトの元請けにファーウェイが指名された場合、ある分野で他社に優れた製品や技術があれば、相手に協力を求めて成果と利益を共有する。

このような戦略を十数年間続けたことで、グローバル市場でファーウェイが集中砲火を浴びるケースは米国を除いて大幅に減った。激しい競争を続けながらも、「市場をともに分かち合う」というコンセンサスができたのだ。

迂回戦略で先進国市場へ

ある意味では、欧米企業からの圧力はかえってファーウェイの成長を促したとも言える。20年前の中国市場は、ファーウェイのような新興企業にとって類い希な「演習場」だった。何しろ、生まれた時から四方を世界最高レベルのライバルに取り囲まれていたのだ。生き残るためには、強大なライバルと戦いながら、同時にライバルから学び、崖から何度突き落とされても這い上がる体力と精神力を鍛え、競争のステージを一歩ずつ高めていくしかなかった。

ファーウェイはまず、欧米企業が見向きもしなかった県レベル[18]の郵便電話局から顧客を開拓し、そこから市レベル、省レベル、全国レベルへと10年かけて足場を拡げていった。この過程で確立した「農村部から着手し、徐々に都市部へと浸透する」という市場戦略は、後の海外進出にも応用され、大きな成果を上げることになる。だが、これは決して自覚的、主体的な戦略ではなかった。「四無企業」だったファーウェイにとって、他の選択肢はなかったのである。

1998年、ファーウェイはいよいよ中国大陸の外に〝戦場〟を広げ始めた。最初の契約は、香港の通信大手ハチソンテレコム（和記電訊）が一部の製品を採用したことだった。翌1999年には、初の本格的な国際契約をロシアで獲得。それから約五年をかけて世界各地に顧客を広げていったが、その多くはアフリカや東南アジアなど通信インフラの整備が遅れた発展途上国だった。

当時の欧米企業は、利幅が厚く代金回収リスクも低い先進国や、市場規模が大きくかつ急成長している中国のような新興国での受注獲得を争い、その他の発展途上国の市場開拓は後回しにしていた。有り体に言えば、欧米企業にとっては相手にしたくない顧客だったのだ。ファーウェイはその隙を突いて発展途上国に急速に浸透した。また、シベリアの北極圏やチベットの高地、アフリカの奥地など、自然条件が過酷な場所に初めて通信ネットワークが開通した時、その敷設を手がけたのは十中八九ファーウェイだった。欧米企業がやりたがらないプロジェクトをあえて引き受け、やり遂げることで、顧客の信頼を築いていった。

ファーウェイは周到に、ステップを踏みながら欧米企業と競争してきた。まずはライバルが手薄な発展途上国へ迂回し、その後で先進国に進出したのだ。しかも競争一辺倒ではなく、ライバルとの協業や妥協にも前向きだった。2003年頃には、ファーウェイは「自信に溢れ、多様な戦略を持ち、急成長している東洋のダークホース」として、ライバルから一目置かれる存在になった。

そして2005年頃から、満を持して欧州市場に本格進出した。欧州はスウェーデンのエリクソン、フィンランドのノキア、独シーメンス、仏アルカテルなどの名門企業の本拠地だ。ファーウェイはついにここまでやってきたのだ。英ブリティッシュ・テレコム、ボーダフォン、スペインのテレフォニカなど大手通信事業者からの受注を相次いで獲得し、欧州市場での契約額は毎年数十億ユーロに上っている。しかも発展途上国と違い、これらの契約には代金回収のリスクがほとんどないのだ。

ファーウェイはさらに日本市場にも進出した。製品の品質に対して極端なほど厳しいこの島国で、ファーウェイはソフトバンク、NTTドコモ、KDDIという三大移動体通信事業者に基地局や端末を供給している。

もちろん、すべてが順調だったわけではない。欧州やインドでは、政府の関係当局から干渉されたり、現地メディアのネガティブ・キャンペーンに遭うこともしばしばだった。「国の安全保障」という口実で、ファーウェイはその顔に泥を塗られ、いったん合意した契約が白紙に戻されたこともあった。

ファーウェイに対して疑いを持つ人々やメディアの誤解を解くためには、自己をより透明化し、真実を伝える努力が必要だ。通信業界の内輪のパートナーシップだけでなく、各国政府やメディアとの関係も主体的に改善しなければならない。この課題について、任は次のように語っている。

「我々が世界中で事業を展開するのは、利益を増やすことだけが目的ではない。むしろそれ以上に、現地に投資し、雇用を創出し、税金を納め、その国の科学技術の発展を後押しする必要がある。各国の発展に貢献し、双方にとって利益のあるウィン―ウィンの関係を構築しなければならないのだ」

会社の本社所在地や国境を意識しないグローバル戦略は、先進国の多国籍企業では当たり前になっている。その後を追うファーウェイは、グローバル戦略の全面的な見直しに既に着手している。

20年先を見据えた戦略設計

グローバル市場で高みを目指せば目指すほど、ファーウェイはますます大きなプレッシャーを感じることになるだろう。2000年代には通信業界のライバルから次々に訴訟を起こされたが、この種の衝突はここ数年減少している。だが、外国の政府やメディアとの軋轢は減るどころか、むしろ増加している。

その急先鋒は米国だ。自由貿易と市場主義を信奉するこの大国は、「自国にとっての大きな脅威」という名目で、中国の〝民営企業〟であるファーウェイを市場から締め出し続けている。米国の関係当局は、ファーウェイに対して何度も入念な調査や厳しい審査を行った。だが彼らは、ファーウェイが急成長を遂げた真の理由を明確にわかっていないのではないだろうか。

欧米のライバルとファーウェイの類似点はマネジメントにある。ファーウェイの経営管理は欧米的、または完全に欧米化された制度を全面的に採用している。これは他の中国企業には見られない特徴だ。一方、ライバルとの大きな相違点は、上場企業ではないため株主に対して短期的利益の責任を負わずに済むことだ。ファーウェイの経営戦略は10年先、20年先を見据えて設計されている。同じく重要なのが、ファーウェイの身体に深く刻まれた危機感のDNA（遺伝子）だろう。どんなに事業が順調な時でも、崩壊や死の予兆に対して世界中のどのライバルより敏感なのだ。

「トレンドに逆らう」という逆張り戦略は、ファーウェイの特徴的な思考の一例だ。2011年、ファーウェイは新たに2万8000人の社員を採用した。翌年2月、欧州委員会のある委員が任正非にこう質問した。「景気が落ち込んでいるのに、なぜこんなに多くの社員を雇う勇気があるのか」と。それに対し、任はこう答えた。

「まず、通信の情報量が爆発的に増加しています。通信量が絶え間なく増え続ければゼロサム・ゲーム[19]に陥ることはなく、必ずチャンスがあります。次に、我々が手がけているのは実業であり、通信ユーザーの生活と密接に結びついています。景気が悪いからと言って、人々が電話をかける回数を極端に減らすことはありません。だからこそ、我々は発展のペースを上げなければならない。景気が回復するのを待ってから人材を採用するようでは、絶好のチャンスを逃してしまうのです」

2000年にITバブルが崩壊した時、ハイテク株の暴落でウォール街には嘆きの声が満ち溢れ、シリコンバレーは一瞬のうちに輝きを失った。その影響は国境を超えて広がり、ファーウェイを含む世界の通信業界が強い逆風にさらされた。だが今振り返ると、ITバブルの崩壊はファーウェイに巨大な戦略的チャンスをもたらしたと言っても過言ではない。上場企業ではないため、株価下落のプレッシャーや、リストラを求める株主の要求にさらされることがなかったからだ。

一方、ファーウェイのライバル企業は、経営破綻を回避するために長期的な技術開発プロジェクトの放棄や従業員の大規模なレイオフを余儀なくされた。企業にとって、それは長期的な戦略資源の喪失にほかならない。吹きすさぶ逆風のなか、ファーウェイは必死に踏みとどまっていたが、その間にライバルが大きく後退し、結果として両者の距離が一挙に縮まったのだ。

将棋の戦略を立てる際には、予め駒の進め方を深く考えておく必要がある。これは将棋好きの中国人だけの知恵ではない。チェスを楽しむ欧米人も、同様の戦略的思考を備えている。だが将棋でもチェスでも、勝敗を決定づけるのは駒を打つ人のレベルである。

戦略目標をどのように決めるのか。チャンスをどうやってつかむのか。どのようにして資源を確保するのか。矛盾のバランスをどのように均衡させるか——。詰まるところ、何より重要なのは戦略の指揮官がどんな思考力や判断力を備えているか、そして冒険に挑む勇気を持っているかどうかなのだ。

（1）先祖とその一族が長年暮らしていた郷土のこと。先祖の出身地や戸籍所在地とは必ずしも一致しない。
（2）任の両親は小中学校の教師だったため、文化大革命期には知識分子の家族として差別や迫害を受けた。

(3) 原書が出版された2012年11月の時点。2013年5月にニュージーランドで複数のメディアによるインタビューに応じ、このとき任の〝メディア初露出〟がロイター通信などを通じて世界に配信された。以降、同年11月はフランスで、2014年5月はイギリスで、同年6月は中国でもメディアに露出しているが、これらはすべて複数のメディアによるインタビューで、個別インタビューはこれまで一度もない。また、2015年1月のダボス(WEF)会議では、プログラムの一環としてオープンセッションに出席し、対話形式でBCCのキャスターのインタビューを受けた。この対話はWEFの公式サイトで生中継されたのち、BBCネットワークでも放送された。

(4) 2013年末時点の任の持ち株比率は1・4%。

(5) いずれも中国を代表する民営企業の創業トップ。李彦宏はネット検索大手バイドゥ(百度)、馬化騰はメッセージングサービス「QQ」や「ウィーチャット(微信)」などを手がける大手ネット企業テンセント(騰訊)、張茵は製紙大手の玖龍紙業、潘石屹は不動産開発大手のSOHO中国をそれぞれ起業した。

(6) 共産党のほか、民主党派、産業界、学術界、文化人など各界の代表で構成される統一戦線組織で、政府に政策提言などを行う。全国組織のほか、省や市などの地方レベルにも設置されている。

(7) 共産党の指導の下、全国の青年団体を束ねる統一戦線組織。党の次世代のエリートを選抜・教育する共産主義青年団(共青団)を中核にしている。

(8) いずれも中国の有名な政商。呂不韋は紀元前3世紀の秦朝、胡雪岩と喬致庸は19世紀の清朝末期に巨万の富を築いた。

(9) ファーウェイの企業理念、経営方針、社員の心得などを条文形式でまとめた社内文書。1996年頃から編纂に着手し、1998年に正式に制定された。

(10) 「鶏肋」は鶏のあばら骨(鶏ガラ)のこと。鶏ガラには肉がほとんどついていないが、スープの材料にするとよい味が出る。そこから転じて、「それほど値打ちはないが、捨てがたいもの」を意味する。由来は三国演義の曹操の言葉。

(11) 任は1974年、大型工場や社会インフラなどの建設にあたる「基本建設工程兵」として人民解放軍に入隊。改革開放後の1983年、軍のリストラで基本建設工程兵が廃止されたのに伴い退役した。

(12) 過去に経験がないことに挑戦する時、慎重に模索し、経験を重ねながら一歩ずつ進むこと。転じて、実践を通じた真理の追究を意味する。

(13) モトローラの創業者、ポール・ガルビンの孫。創業家の3代目トップとして、1997年から2004年初めまでCEOを務めた。

(14) 当時のCEOのクリストファー・ガルビンと、父親のロバート・ガルビンのこと。ロバートは1990年に引退したが、その後もモトローラの経営に影響力を持っていた。

(15) 低軌道の通信衛星を利用した地球規模の移動体通信システム。モトローラが巨費を投じて1998年に事業化したが、需要不足のためわずか1年余りでサービス中止に追い込まれた。

(16) 欧州における第2世代（GSM）および第3世代（UMTS）の移動体通信システムの標準規格。

(17) 巨龍通信、大唐電信、中興通訊、華為技術（ファーウェイ）は1990年代後半から2000年代初頭にかけて中国の通信機器メーカーの4強とされ、頭文字を取って「巨大中華」と呼ばれた。

(18) 中国の行政単位区分では「県」は「市」の下にあり、日本の「町」に相当する。

(19) 参加者の得失の総和がゼロになるゲームのこと。市場規模が拡大せず、誰かが得をすれば誰かが必ず損をする状態を指す。

第2章 どこまでもオープンに

1993年のある日、任正非は「中国のシリコンバレー」と呼ばれる北京の中関村の街角を歩いていた。この時、一緒にいた知人が「ファウンダー[1]（方正）についてどう思うか」と質問した。当時、ファウンダーが独自開発した電子組版ソフトウェアは伝統的な印刷業界に旋風を巻き起こしていた。任は知人の質問にこう答えた。「技術はある。だがマネジメントがなっていない」

続いて「レノボ（聯想）はどうか」と問われた任は、「マネジメントはしっかりしている。だが技術がない」と答えた。さらに、「では、ファーウェイは」と問われると、間髪を入れずこう答えたのだった。「技術もないし、マネジメントもなっていない」

任の言葉は、当時の中国企業の現実そのものだった。だが、正にそのようなレベルから、彼らは世界に追いつこうと歩んできたのである。

IT業界にとって、1993年はひとつの節目の年だった。米国のビル・クリントン政権が、全米の家庭、企業、政府機関などを高速通信回線で結ぶ「情報スーパーハイウェイ構想」を打ち出したのである。それは新たな「創造と破壊」の時代の幕開けだった。あらゆる創造的イノベーションは、古いものの破壊という残酷な代償を伴うのだ。

当時のファーウェイは設立まだ六年目、従業員は400人足らず、売上高はようやく1億元を超えたところだった。ファーウェイが1993年に発売したJK1000型アナログ交換器の売れ行きは芳しくなかったが、開発中のC&C08型デジタル交換器（2000ゲート）の試験運用が浙江省義烏市の郵便電話局で始まり、1万ゲートのC&C08の開発にも着手した。

この年は、ファーウェイにとって通信機器メーカーとしての本当の意味でのスタートラインだったと言える。6年前の創業時、任は「ストーン[2]（四通）を超える」という目標を掲げていた。だが1993年、それを一気に「世界のトップスリー」に引き上げたのである。

ワング・ラボラトリーズの教訓

1997年12月、任とファーウェイの経営幹部は北米大陸横断の旅の途上にあった。東海岸から西海岸へ、米国のＩＴ企業を次から次に訪ねて回ったのだ。そこで見聞きした米ＩＴ産業の興亡史に、彼らは大きな衝撃を受けた。

「大企業が一つまたひとつと苦況に陥り、消滅していく。いくつものベンチャー企業が天に届くほどの勢いで成長したかと思えば、次々と雷に打たれる。ここでは企業が絶え間なく誕生し、絶え間なく死んでいくのだ」

任にとって、それは５００年以上続いた中国古代の春秋戦国時代[3]を１日に凝縮させたような光景だった。と同時に、彼は米国のオープンな文化やイノベーションが生み出す偉大なエネルギーを心の底から感じていた。この地では、ＩＴ業界に旋風を起こす新たな英雄が数年おきに登場する。彼らの旺盛な起業家精神こそ、米国という大国の総合力を形作っているのだ。

旅の途中で迎えたクリスマス。米国中が聖なる灯をともして家族団らんを楽しんでいた頃、任は幹部たちとシリコンバレーの小さなホテルに閉じこもって会議を開き、３日間ぶっ続けで議論した。その議事録は１００ページ以上に達した。

企業規模が小さければ、より大きなライバルに打ち負かされてしまう。だが、いたずらに規模を拡大すればマネジメントの効率が低下する。どんな大企業でも、絶えず変化する環境に対応できなければ生き残れない。では、ファーウェイはどうすれば生き残れるのか。この旅を通じて任が強い共感を覚えたのは、米国人たちの奮闘精神だった。

「米国で成功した経営者、科学者、エンジニアにとって、懸命に奮闘するのは当然のことだ。何百万人もの奮闘者たちが技術やマネジメントを進化させ続けてきたからこそ、多数の偉大な企業が誕生したのだ」

そして任はこうつぶやいた。

「ファーウェイだって、たゆまぬ奮闘を続けて今日まで生き残ってきたではないか」――

一方、反面教師として任や幹部たちの危機感を刺激したのが、ワング・ラボラトリーズの盛衰だった。ワングは米国人華僑のアン・ワン（王安）が創業した情報処理機器メーカーである。1970年代に開発した当時最先端のワードプロセッサーの成功により、米国有数のIT企業へと急成長した。最盛期の1980年代には年間売上高が30億ドルに達し、3万人の従業員を擁していた。創業トップのワンの個人資産は一時20億ドルを超え、1985年には米フォーブズ誌の富豪ランキングで8位に輝いたほどである。

ところが、1990年代に入るとワングの経営は急速に傾き、1992年8月に破産に追い込まれた。一体何が問題だったのだろうか。その答えは「閉鎖」である。同社には高い研究開発力があったが、70~80年代の成功体験から抜け出せず、独自仕様の製品にこだわり続けた。このため、パーソナル・コンピューター（PC）の台頭や技術のオープン化という時代の趨勢に正対することができず、顧客にそっぽを向かれてしまったのだ。

だが、より根本的な問題は、ワングの企業文化の閉鎖性にあった。同社には多数の優秀な社員がいたが、トップのワンは同族経営にこだわり、1986年には社長の座を息子に譲った。これをきっかけに、優れた人材が次々にワングを離れていった。

余談になるが、退社組の中には1991年にシスコシステムズに移籍したジョン・チェンバースもいた。1995年にシスコのCEO（最高経営責任者）になった彼は、インターネットの爆発的拡大というビッグウェーブを誰よりも巧みに乗りこなし、同社を世界最大のコンピューターネットワーク機器メーカーに育て上げた。だがそれもつかの間、2000年代の初頭には、任が率いるファーウェイという新たなライバルの挑戦を受けることになるのだ。

技術や社会がめまぐるしく変化する時代に、思考が閉鎖的では活路は開けない——。これが、任らがワングの盛衰の歴史から導き出した結論だった。十分にオープンな路線を歩まなければ成長を持続できず、欧米のライバルに追いつくことはできない。閉鎖の道を歩めば、その先にあるのは衰退のみなのだ。

1999年、任は新入社員との意見交換会で次のように語っている。

「ファーウェイが生き残るには、常に他者に学び、オープンで協力的な体制を貫かなければならない。閉鎖的な考えでは世界に追いつき、追い越すことは不可能だ。現に、ファーウェイの主力製品はいずれもオープンで協力的な体制の中で研究開発されたものなのだから」

そして13年後の2012年、任はオープン路線についてこう総括した。

「どんな状況にあってもオープンな姿勢を採り続ける方針は決して揺らがない。オープンでなければ外部のエネルギーを取り込むことも、自分自身を成長させることもできないからだ。そして同時に、批判的思考をもって自らと真摯に向き合うことが重要だ。いくらオープンさを強調しても、それが独りよがりの自己満足ではだめなのだ」

「ブレーキはどこにある？」

ファーウェイの古参幹部の間に、こんな小話が伝わっている。

「1997年の暮れ、任正非はマイカーを中古のプジョーから新車のBMWに乗り換え、暇さえあればドライブに出かけていた。ある日、任が目の前をのろのろ走る古い車を追い抜こうとすると、その車を運転していたのはIBMのルイス・ガースナー[4]だった。そこで任は、ガースナーに向かって『BMWを運転したことはあるか』と大声で叫んだ。ガースナーが『一体何が知りたいんだ』と聞き返すと、任はこう答えた。『BMWのブレーキはどこにあるんだ？』」

当時、ファーウェイの業績は急拡大していたが、経営陣は自社の成長を適切にコントロールする術をまだ会得していなかった。小話の作者は、これをアクセルの踏み方は知っているがブレーキの在処を知らない状態にたとえたのである。

実のところ、この時期のファーウェイが知っていたのはアクセルを目一杯踏み込むことだけだった。ブレーキは言うに及ばず、状況に応じてアクセルを踏んだり緩めたりする方法も知らなかった。グローバル市場に進出すべく猪突猛進することに精一杯で、その先を考える余裕などなかったのだ。

そんな時期に行った北米大陸横断の旅は、ファーウェイの発展史上の重要な転換点となった。これを機に、ファーウェイはＩＢＭから業務プロセス管理（ＢＰＭ）のシステムを導入し、戦略的思考の面でも多くの米国企業の経験を取り入れていった。任は次のように語っている。

「『拿来主義(ナーライ)』[5]は素晴らしい。欧米には成功を収めたマネジメント理論やノウハウが既に存在しているのだ。我々がそれを拒む理由がどこにある。最初はそのまま取り入れ、次に最適化し、そして定着させる。これこそがファーウェイの歩むべき道である」

任はこうも語っている。

「米国の先進性を学ばなければ、米国のライバルに追いつき追い越すことはできない。その過程では、（ファーウェイを目の敵にする）米国の一部の政治家と、米国民の偉大さとを切り離して考えなければならない。政治家の振る舞いが気に入らないからと言って、米国から学ぶことを放棄してはならないのだ」

米国は国民の自由と権利を尊重し、それを担保する優れた司法制度を持つ。自由闊達な学術界、創造性を重視する教育、活力に溢れる資本市場、多様性を受け入れる包容力のある文化――。さらに、米国人にはここぞという時に一致団結して盛り上がる英雄主義の伝統もある。

こうした風土が米国の繁栄を促し、世界で最も強力で豊かな大国を作り上げた。さらにそれは、全世界のエリートを米国に引き寄せる磁力にもなっている。例えば、ドイツ生まれの偉大な物理学者アルベルト・アインシュタインは、1930年代にナチスの迫害を逃れて米国に移住し、「米国の科学者」になった。米インテルの経営トップを長年務め、同社を世界最大の半導体メーカーに育てたアンドリュー・グローブは、1956年のハンガリー動乱の最中に故郷を脱出して米国に移民した。米国の発展に多大な貢献をした功労者の中には、実は米国以外で生まれた人物が少なくないのだ。

中国の文化は、歴史的に商業を軽視し、蔑んできた面がある。このため、欧米のようなビジネス分野の価値体系、企業文化、マネジメント手法などの伝統や蓄積がほとんどない。いわゆる「中国的経営」というものは存在せず、あったとしても認知されていない。ファーウェイ、レノボ、ハイアールなど中国の先頭を走る企業でも、その経営は欧米からの拿来主義をベースに中国での実践を組み合わせたものばかりなのだ。

「プジョーに乗っていた任正非は、BMWのブレーキがどこにあるかわからなかった」という小話は、いかにも珍妙に聞こえるが、それは深い意味を含んでいる。まず、いくらオープンな体制をとったとしても、「勘に頼って進む」だけでは非常に危険ということだ。次に開放の方向性である。誰に対して何をオープンにするのか。また、誰に何を学ぶのか。ファーウェイがグローバル市場への参入を決意した時、彼らはそれを改めて自問しなければならなかった。そして、結論は「最も先進的なものに学ぶ」、すなわち米国に学ぶということであった。

米国という導師の拒絶反応

1997年末、任正非はIBMのプロジェクトマネジャーの陳青茹から一冊の本を贈られた。それはIBMの製品開発手法を体系化したIPD（統合製品開発）の解説書であった。これをきっかけに、ファーウェイはIBMとコンサルティング契約を結び、そのマネジメント体系を全面的に取り入れた。米国企業の経営思想やマネジメント手法を学ぶとともに、まるで「自分の足を削って履物に合わせる」かのような大掛かりな組織改革を断行したのだ。

任やファーウェイの幹部たちは、自分たちがグローバル市場に打って出るには「欧米よりさらに欧米らしい」経営体制や文化的基盤を確立しなければならないと考えていた。そんな彼らにとって米国は正に「導師」だった。実際、彼らは長年世界各地を飛び回っているが、米国への出張が間違いなく最も多い。ファーウェイは米国から真剣に学んできたのである。

ところが、ある時期から米国は「弟子」だったはずのファーウェイを「仇敵」と見なすようになった。いったい何が起きたのだろうか。

ある日、米国議会の特別公聴会でのやりとり

議　員：「任正非氏は中国共産党の党員ですか？」

胡厚崑：「はい。米国の企業家の中にも、民主党員や共和党員がいるのと同じです」
議　員：「では、任正非氏はかつて中国人民解放軍の軍人でしたか？」
胡厚崑：「はい。米国にも軍隊での服役経験を持つ経営者が数多くいるのと同じです…」

胡厚崑はファーウェイの副会長である。２０１１年2月25日、彼は米国メディアに公開書簡を送り、ファーウェイにかけられた疑惑の数々――「人民解放軍と深い繋がりがある」、「中国政府の財政支援を受けている」、「知的財産権をめぐるトラブルが絶えない」、「米国の安全を脅かしている」など――について「事実と異なる」と明確に反論した。また、米国政府の関係当局に対してファーウェイの調査を行うよう進言した。

ファーウェイと人民解放軍の繋がりを疑う声は早くからあった。その根拠は、創業トップの任がかつて基本建設工程兵団[6]の副団長クラスの軍人だったからだ。しかし米国の大企業のトップや役員にも、軍士官学校の出身者や退役軍人がごまんといる。ならば、彼らが経営する企業もすべて米軍と繋がりがあることにならないだろうか。

「中国政府の財政支援を受けている」という噂の出所は、シスコのチェンバースが欧州のフォーラムで行った講演である。「シスコがファーウェイに勝てないのはなぜか。それは、ファーウェイが中国政府から毎年３００億ドルもの財政支援を得ているからだ」。そうチェンバースは主張した。これに対し、ファーウェイは丁重かつ友好的な一通の書簡をチェンバースに送り、こう問い質した。

「我が社の年次決算報告書は、過去十数年にわたって大手国際会計事務所のＫＰＭＧに監査を依頼しています。そこで伺いますが、中国政府からの毎年３００億ドルの財政支援はどこに計上されているのでしょうか」

２００３年、シスコがファーウェイに対して起こした訴訟をきっかけに、ファーウェイはライバル企業のロビー活動を受けた米議員やメディアから絶え間ない誹謗中傷を浴びるようになった。口実は「不当競争」から「安全保障上の脅威」まで様々だが、その目的は明確だ。ファーウェイを米国市場から締め出し、米国企業の既得権益を守ることである。

例えば２００７年、ファーウェイは投資ファンドのベインキャピタルと共同で、ネットワーク機器大手のスリーコムの買収計画を発表した。この時、ファーウェイが取得しようとしたのはスリーコム株の16・5％に過ぎない。ところが、米議会の一部の議員が強硬に反対。米政府の認可が得られる見通しが立たなくなり、ファーウェイは買収を断念せざるを得なくなった。

前章でも触れたように、ファーウェイは２０１０年、米モトローラの無線通信インフラ部門を買収するためにライバルより高いオファーを提示した。だが、やはり一部議員の猛烈な反対に遭って苦杯をなめた。モトローラはファーウェイ製品のＯＥＭ（相手先ブランド生産）供給を受け、広く販売していたにもかかわらずだ。同年には米国の大手通信事業者のスプリントによる通信機器調達でも、入札から排除されてしまった。

一体何がいけなかったのか。ある米国の元政府関係者は次のように語った。
「ファーウェイはグローバル市場を席巻する過程で、あらゆるライバルにプレッシャーと恐怖感を与えたのだ」

オープン路線こそ活路

グーグルやアップル、そしてファーウェイなど、歴史の浅い新興企業がなぜ老舗企業を打ち負かし、トップに立つことができたのか。理由のひとつは、彼らに歴史がなかったからである。歴史のなさは一般論では不利になるが、技術や市場環境が日進月歩で大きく変化する時代には、それが利点になる可能性もある。

大企業や老舗企業は往々にして高貴、傲慢、自信過剰であり、伝統という名の固定的なパターンにとらわれがちだ。ゆえに、時代の趨勢を前にしても変わろうとせず、硬直化し、閉鎖的になってしまう。一方、新興企業はいかなる束縛も受けず、古いルールを打ち破り、新たなルールを作ることができる。

ファーウェイはオープン路線を追求し続けることで、「中国的だが欧米的でもあり、中国らしくないが欧米らしくもない」という、独特の包容力を備えた企業文化を築き上げた。これこそが、ライバルを驚かせた急成長の秘密のひとつなのだ。

「中国的なことも欧米的なことも、古いことも新しいことも学ぶ」――。任はそんなオープンな思考を持った経営思想家であり、学習能力が極めて高い。例えば、彼はイスラエルの故・イツハク・ラビン元首相[7]を非常に尊敬しており、「自分はラビンの弟子だ」と称するほどだ。ラビンは占領地からあえて「撤退」する決断により、誰もが不可能と考えていたパレスチナとの和平を成し遂げた。これは政治家としての卓越した先見性を体現するものであり、任の経営思想に大きな影響を与えたという。

そんな任が最も尊敬する人物は鄧小平である。それは「崇拝」と言っても過言ではなく、「中国数千年の歴史の中で最も偉大な改革者だ」と評価している。鄧の思想的遺産は「改革開放」の四文字に凝縮されている。そしてファーウェイの成功への道のりは、まさに開放と改革の恩恵を受けたものだった。だからこそ、ファーウェイは徹底したオープン路線を選んだのである。

任は、ファーウェイが「城壁に囲まれた村」になってはならないと心底から思っている。

「オープンであることはファーウェイが生き残るための基本理念だ。もし開放的な体制をとらなければ、それは死に向かう道である。社外との協力を強化し、オープン路線を堅持する。それこそが我々の活路だ」

「ファーウェイは高いイノベーション能力を持つ企業なのに、オープンであることがなぜそんなに重要なのかという疑問を持つ者もいる。しかし、我々は成功したがゆえに自信や驕り、自己満足に浸り、実際にはどんどん閉鎖的になっている。オープンであることを強調し、今まで以上に他者に学んでこそ、新たな目標が生まれ、本当の意味で己と向き合い、緊張感が生まれるのだ」

オープン路線はまさに「言うは易く行うは難し」だ。ファーウェイにとって創業から最初の10年間は、何よりも生き残ることが最優先だった。成長しなければたちまちライバルに踏み潰されてしまう。契約を勝ち取り、市場シェアを奪うために、あらゆることを必死でやるしかなかった。要するに、他の新興企業となんら変わらないことをやってきたのである。

だが、ファーウェイが徐々に成長してくると、オープンであるかどうかが将来の生死を決する鍵になった。ファーウェイは創業当初から民営企業であり、資本もコネも技術も歴史もなかった。しかも、創業メンバーに企業経営の経験者が一人もいないという途方もないハンディを負っていた。だからこそ、ファーウェイはオープン路線を歩まざるを得なかった。閉鎖的であっては、ビジネスというゲームの舞台から追い落とされてしまうからだ。

シスコの唐突な攻撃

2003年はファーウェイにとって成長の踊り場であり、大きな転機でもあった。旧暦の新年を間近に控えた1月23日、シスコがファーウェイに唐突な攻撃をしかけてきたのである。

シスコはファーウェイが知財権を侵害したと主張し、米国の裁判所に提訴。その訴状は70ページ以上にのぼり、知財権の侵害を認めて賠償金を支払うことや、製品の販売を停止することなどを求めていた。これに対してファーウェイは、「紛争の原因と思われる製品の米国での販売を自粛する。しかし知財権の侵害は認めない」という妥協案を出した。ファーウェイは自分たちの技術に自信を持っていたが、よりうまく生き残るためには妥協を選ぶべきだと判断したのだ。ところが、シスコがこれを拒否したため、ファーウェイは応訴を決意した。応訴してこそ和解の可能性があり、「小さな負けは即ち勝利」と考えたのである。

シスコとの訴訟が始まった当初、中国国内では「民族企業の大旗を掲げ、政府の支援を得てはどうか」とファーウェイに提案する者もいた。だが、任ら経営陣は毅然として反対した。これは世界が注目する国際訴訟であり、しかも舞台は米国で最も保守的と言われるテキサス州の裁判所だった。「民族企業」であることを強調し、争いを政治化すれば、それはファーウェイの国際化がそこで終わってしまうことを意味する。それが任らの認識だった。

ファーウェイは米国で高額の顧問料を払って優秀な弁護団を雇い、シスコと正面から争うことにした。それから経験した困難や紆余曲折の数々は一冊の小説が書けるほどだ。提訴から一年半後の2004年7月28日、スリーコムCEO（当時）のブルース・クラフリンが「興味深い演劇」と評したこの訴訟はついに決着を迎えた。シスコとファーウェイは、それぞれが自社製品の販売を継続し、訴訟費用は各自が負担すること。また、謝罪は行わず賠償金も生じないという条件で、双方が訴訟を取り下げて和解したのである。そこには、シスコが今後同じ理由でファーウェイを提訴しないという一項も含まれていた。

この和解を境に、ファーウェイのグローバル化は一気に勢いを増した。ファーウェイは製品の販売先を欧州全域に広げ、日本や南米、さらに米国を除く北米市場にも進出。２０１０年までに、総売上高の70％を中国以外のグローバル市場で稼ぐほどになったのである。

２００５年12月のある日、深圳のファーウェイ本社を特別な賓客が訪れた。シスコのチェンバースである。彼が研究開発部門のオフィスにふらりと入っていくと、その場にいた約４００名の従業員が立ち上がり、敬意のこもった拍手を送った。チェンバースはファーウェイの経営陣が理知的であることは知っていたが、一般の従業員がこれほど歓迎してくれるとは思いもよらず、いたく感激した様子だった。

同じ頃、ファーウェイ副会長で米国での訴訟の責任者だった郭平は、シスコＣＬＯ（最高法務責任者）のマーク・チャンドラーを自宅に招いていた。チャンドラーは中国風のエプロンをつけてフランス料理を作り、郭平はショッピングセンターで餃子を買ってきた。郭平の家族とチャンドラーは一緒に様々な中国料理と西洋料理を食べ、フランスのワインに舌鼓を打ち、中国茶を楽しんだ。「次回はチェンバースも呼んで餃子を食べよう」とチャンドラーが提案すると、郭は諸手を挙げて賛成した。

かっての敵を友に変える

シスコとの訴訟という突然降りかかった危機と、そこから脱出する過程を通じて、ファーウェイは多くのことを学んだ。「グローバル市場への進出から得た教訓を、他の企業にも紹介してもらいたい」。ある中国政府の高官からそう頼まれた任は、企業の幹部たちの前でこう語った。

「グローバル化のカギは法に従うことです。進出先の法律と国際法に従う。と同時に、米国の法律を国際法とみなすことです。米国は強大であり、世界中どこにいても自国の法律に基づいて攻撃を仕掛けてくるのですから」

「中国の法制度は不完全だったり、あまりにも融通が効き過ぎます。ゆえに、一部の中国企業は厳格なマネジメントができないのです。彼らはグローバル市場でも、国内と同じように融通無碍に振る舞って構わないと考えている。その結果、自分たちを貶めているのです」

さらに、任はこう忠告した。

「自分たちの企業イメージをライバルに決めさせてはいけない。いくら自分がオープン路線を歩んでいると信じていても、他人から『閉鎖的』とか『攻撃的』と言われるようなら、それは開放が不十分なのです。だからこそ、もっと意識的にオープンにならなければ」

「例えば、ある人が心を込めて自宅に招待してくれたとします。その時、玄関で靴を脱ぐやいなや足を掻いたらどう思われるでしょうか。ホストから白い目で見られ、拒否反応を起こされるに違いありません。我々はそんな無礼者であってはならない。よりオープンな体制をとり、ライバルに対して『国際ルールに則って行動している』と証明しなければならないのです」

２０１０年、任はそれまでのオープン路線の歩みを振り返り、肯定と否定を交えながらこう語った。

「どんな強者もバランスの中から生まれる。我々は強さを極めることもできるが、仮に友達が一人もいなくなったら生きていけるだろうか。すべての敵を滅ぼし、一人で天下を取りたいと願ったチンギス・ハーンやアドルフ・ヒトラーは、どちらも自滅してしまった。一人で天下を取るより、自分以外の強者とも協力する方が得策ではないのか。ライバルとは競争も必要だが、協力もまた必要だ。要は自分にとってプラスになればよいのだ」

「世の中がファーウェイを好む人ばかりなんてありえない。我々に恨みを持つ人だっている。なぜなら、ファーウェイが大きく発展する過程で、小さな会社の経営を破綻に追い込んでしまったかもしれないからだ。一人の成功者の陰に多数の犠牲があるようではいけない。我々はさらにオープンで協力的な体制をとり、ウィン―ウィンを実現させることで、現実を変えていかなければならない。これまでの20年、ファーウェイは多くの友を敵にまわしてきた。しかしこれからの20年は、敵を友に変えていくべきだ」

（1）中国IT企業の先駆けの1社。北京大学を母体に1986年に発足し、独自開発した中国語の電子組版システムで圧倒的シェアを獲得した。

（2）1984年創業の民営IT企業。中国語の文字処理ソフトウェアで一世を風靡し、1990年代はレノボ（聯想）、ファウンダー（方正）と並ぶ中国IT業界の代表企業だった。

（3）紀元前8世紀の周の東遷から紀元前3世紀の秦による天下統一までの時代。各地に有力な諸侯が登場し、覇を競った。

（4）1990年代の米国を代表する経営者の一人。1993年、RJRナビスコ会長兼CEOからIBM会長兼CEOに就任。初の外部招聘のトップとして、経営危機に陥っていたIBMを再建した。

（5）外国の物資や思想を排斥せず、優れたものや中国の発展に役立つものを取り入れるべきとする考え方。拿来は「持ってくる」という意味。文学者の魯迅が提唱した。

（6）社会インフラ整備、工業プラント建設、鉱山開発などの国家プロジェクトの施工部隊。陸軍の一部として1966年に編成され、1983年に廃止された。

（7）イスラエル首相としてパレスチナとの和平交渉を推進。1993年に「オスロ合意」に調印し、その功績によりノーベル平和賞を受賞した。1995年、和平反対派のユダヤ人青年により暗殺された。

第3章 開放と閉鎖

2008年、世界知的所有権機関(WIPO)が発表した国際特許の出願件数ランキングで、ファーウェイは中国企業として初の世界首位に立った。2位以下には日本のパナソニック、オランダのフィリップス、トヨタ自動車、独ボッシュなどの世界的な著名企業が続いた。このニュースに、中国のメディアは手放しの讃辞を送った。一方、海外メディアの報道の中には、ファーウェイに対する疑念や警戒心をあらわにするものもあった。

ところが、外の喧騒とは対照的に、ファーウェイの社内は至って静かだった。祝賀イベントを一切行わなかったばかりか、経営陣の一部からはこんな皮肉まで飛び出した。

「出願数が一番だからといって、中身も最高とは限らない。そもそも、我々はライバルから一体どれだけの特許料を取れているんだ」

ファーウェイの幹部たちの物言いには一種独特の雰囲気がある。物事を常に冷静かつ理性的に受け止め、感情を抑えて自己批判を行う。これは1998年から社内改革を続ける中で徐々に形作られ、既に企業文化の一部になっている。

2010年、米フォーチュン誌が発表する売上高世界500社ランキングにファーウェイが初めてランクインした時、ある幹部は会議室に入るやいなやこう切り出した。「皆さんに残念なお知らせがある。我が社はフォーチュン・グルーバル500にランクインした」。その場にいた社員で、これを喜んだりお祝いをしようなどと提案した者は誰ひとりいなかった。

創業以来、ファーウェイは20年以上にわたって年間売上高の10%以上を研究開発費にあててきた。現在は約7万人が研究開発に従事し、毎年数百億元の資金を投入している。国際特許の出願数で世界一になったのは、こうした長年の辛く苦しい奮闘の成果だ。

それでもなお、ある幹部は次のように語るのだ。

「我が社はこれまで、独創的な製品を発明したことがない。開発・製造してきたのは、欧米企業の成果の上に機能を付け足したり改良したりしたものばかりだ。我々は自分たちに不足している核心的技術を特許使用料を支払って購入することで、グローバル市場への参入を果たした。それは、これらの特許を回避するためのコストより安上がりだったからだ。技術の水準や蓄積に関しては、まだまだライバルとは雲泥の差がある」

ファーウェイ会長の孫亜芳も、2006年に次のような発言をしている。

「我々はこれまで、知財権を対外摩擦の解決手段ととらえてきた。すなわち、知財権は欧米が中国の発展を牽制するための武器であり、自国を発展させるための戦略的意義については真剣に理解していなかった。我々は従来の防御的なスタンスを、知財権の蓄積、事業化、保護を積極的に推進する姿勢へと変えなければならない。知財権を保護し、発明者の利益を守らなければ、失敗を乗り越えて前進する人は出てこないし、独創的な発明も生まれない。そして独創的な発明が生まれなければ、中国は永遠に『メジャーリーグ』に仲間入りできず、他者の制約を受け続けることになってしまう。知財権への理解不足により本当に被害を蒙るのは、発展の可能性を秘めた中国企業であり、欧米企業ではないのだ」

ファーウェイが2010年に欧米企業に支払った特許使用料は2億2200万ドルに上った。これは中国企業として間違いなく最高額だ。それだけの代償を支払って手に入れたのが、200億ドルを超える販売契約なのである。

2000年代初めからの10年余り、ファーウェイは特許に関する数多の紛争や交渉に直面してきた。欧米企業の経営トップが「我が社の特許を侵害したので提訴する」という手紙を任に突然送り付けてくることもしばしばだった。特にシスコのような巨大企業からの訴訟は、ファーウェイに対して強いプレッシャーを与えた。

しかし今日、この種の争いはファーウェイにとってもはや日常の一部になっている。また、欧米企業が特許を侵害したとしてファーウェイ側から訴える事も珍しくない。昨日まで激しくいがみ合っていたかと思えば、今日は手を取り合って歓談する――。世界の通信業界ではそれがごく当たり前の光景であり、ほとんどの法廷闘争は最終的に和解しているのだ。

一体なぜなのか。前出の郭平の言葉を借りれば、それが「世界のルール」だからだ。彼はこう解説する。

「メジャーリーグに入りたければ、まず相応の加盟料を納めなければならない。また、国際ルールに則ったプレーの仕方や他のプレーヤーの長所を学びたければ、授業料を払う必要がある。他人の特許は彼らがお金をかけて作り上げた成果なのだから、それをタダで利用しようなんて道理は通らない。反対に、我々の特許を誰かが利用する場合はきちんと料金を払ってもらう。それでこそ公平というものだ」

ここ数年、ファーウェイと欧米企業との特許紛争はかなり落ち着きを見せている。それはオープン路線を貫き、独自の技術開発を積み上げ、ライバルと堂々と渡り合ってきた成果である。欧米企業が次々に仕掛けた攻撃のおかげで、ファーウェイはグローバル競争のルールを学び、実力を磨き、経験を積み重ね、勝ち続けることに成功した。それはファーウェイのオープン路線の正しさの証明でもあった。

沈黙の10年

　ところで、ファーウェイのオープン路線については視点の異なる二つの評価が混在しており、しばしば誤解を招いてきた。ひとつ目はファーウェイ経営陣の視点である。任はこう語っている。

「ファーウェイはグローバル競争を避けられないし、狭隘な民族主義に閉じこもることもできない。だからこそ、最初から徹底してオープンな姿勢をとってきた。我々は欧米企業との切磋琢磨を通じてグローバル競争のルールを学び、技術とマネジメントを進歩させることができた。取るに足らない自尊心を捨て去り、謙虚に学ばなければ、グローバル化をはかることも、企業として成熟することもできない」

　1998年から2008年までの10年間は、ファーウェイにとって最もオープンな10年、言葉を換えればファーウェイが欧米からあらゆることを学んだ10年だった。世界中の700を超える通信事業者と取引関係を構築。また、欧米や日本の十数社のコンサルティング会社と協力し、グローバル企業に脱皮するためのマネジメント体系を作り上げた。その中核はIBMから導入したIPDやISC（統合サプライチェーン）である。全世界に15万人いるファーウェイの従業員のうちおよそ20%、約3万人は外国人だ。また、グローバル市場におけるファーウェイのライバルの多くは、同時にビジネスパートナーでもある。

それでもなお、ファーウェイは一部の人々が抱く「閉鎖的な会社」という二つ目のイメージを払拭できていない。それはオープン路線の方向性、具体的にはメディア戦略に問題があったからだ。

「オープン」とは、いわば思想の芸術である。窓やドアをいつ開け、いつ全開にするのか。誰に向かって、どの方角を開けるのか。タイミング、度合い、方向性のいずれをとっても非常にデリケートなのだ。

もちろん、原則として全方位的なオープン化を図るべきというのが世界の潮流だ。とはいえ、そこに至るまでの手順やリズムは自分自身でコントロールしなければならない。企業の発展段階や実力に応じ、ステップを踏んで進める必要がある。

1998年に「自分の足を削って履物に合わせる」という社内変革を開始した時、任ら経営陣は欧米流のマネジメント体系の全面導入が大きな思想的ショックを社内外にもたらすことを覚悟していた。また、変革に失敗すれば会社が崩壊するおそれがあることも十分理解していた。欧米流の事業プロセス管理は、それまで属人的でグレーだった個々の社員の役割を可視化、図式化する。中国の大企業では前例がなく、成功する保証もなかった。

このため、経営陣は外的要因の影響、特にメディアの干渉を最大限減らすことが不可欠だと判断した。ファーウェイ副会長の徐直軍は、背景をこう説明する。

「会社の生死に関わる大事に挑戦する時には、外部からの撹乱が少ないに越したことはない。それでなくても複雑でデリケートな問題について、メディアに詮索されあれこれ報道されたのでは、七割の成功の見込みも四割になってしまうだろう」

「幸い、ファーウェイは孤独に耐えることができる。我々は上場企業でないため、情報を公開する義務もない。そして実際に、ファーウェイは10年にわたってメディアとの交流を頑なに避けてきた。そうしなければ、我々はおそらく崩壊していただろう。ただし、これは過去の話だ。ファーウェイは変革を成し遂げ、10年前に比べれば荒波に堪える力が強くなった」

ファーウェイに対するもう一つの評価は、メディアや世間の視点からのものである。メディア戦略を全面転換した今も、ファーウェイには「閉鎖的で謎めいた会社」というイメージがつきまとっている。任らが技術、経営、競争、組織などの面で大胆なオープン路線を唱え、実践してきた事実に注目する向きは多くない。反対に、メディアに対してオープンな印象のある企業が、事業面でも十分オープンであるとは限らない。これは企業のあり方について非常に考えさせられる命題である。

社内変革がスタートした1998年は、ファーウェイが中国の4大通信機器メーカー(巨龍通信、大唐電信、中興通迅、華為技術)の中で初めて売上高首位に立った年でもあった。この時、任ら経営陣が感じたのは頂上に登りつめた喜びや充実感ではなく、過去に味わったことのない孤独と焦り、そして恐怖だった。

我々はこれからどこへ向かえばよいのか――。ファーウェイは新たな目標を模索すると同時に、事業プロセスの変革と企業文化の再構築という未曾有の挑戦にも直面していた。この時期を境に、ファーウェイはメディアの取材やビジネスフォーラムへの参加を避けるようになった。彼らは「沈黙」という道を選ぶことを固く決意したのである。

ファーウェイの沈黙は10年の長きにわたった。任にとって、それは彼自身と社員たちが一丸となって会社の変革と発展に専念するためだった。外部からの誘惑を断ったからこそ、ファーウェイは全速力で疾走できたのだ。

全面オープン化を決意

2005年、任は米タイム誌の「世界で最も影響力のある100人」に選ばれた。この時、彼は社員たちに向けてこう心境を吐露している。

「メディアや世間がいろいろなことを言っているが、皆それを気にする必要はない。しっかり仕事に励んでさえいればよいのだ。私も会社の未来のため、引き続き仕事に打ち込むつもりだ」

「なぜ私はメディアに顔を出さないのか、それは、メディアに向けて発言する時、うまく話そうとすれば誇大になりかねないし、うまく話せなければ信じてもらえず、最悪の場合ウソだと思われる恐れもあるからだ。ならばいっそメディアに出ないほうがいい。そう考えているからこそ、私は孤独に耐え、泰然としていられるのだ」

「私は自分の欠点が少なくないことを知っている。世間は会社の成功を一人の人物の手柄にしたがるが、そうしないとイメージしにくいからであって、実際にはフィクションである」

この「沈黙の10年」に、ファーウェイは歴史的な社内変革をやり遂げた。グローバル市場で欧米のライバルと競争し、どんな圧力や妨害も冷静かつ理性的に受け止め、辛抱強く対応する術を身につけた。だからこそ、絶え間なく降りかかる難題にも持ちこたえ、成長を続けることができたのだ。

だが同時に、沈黙の10年は思いもよらない新たな危機を招き寄せ、ファーウェイにさらなる変革を迫ることになった。

2006年5月28日、ファーウェイの研究開発部門のエンジニアだった胡新宇という25歳の若者がこの世を去った。胡は一年前に入社して以来、寝食を忘れて仕事に打ち込み、職場から高く評価されていた。ところが勤務中に体調を崩し、病院でウイルス性脳炎と診断された。そして治療の甲斐なく帰らぬ人となってしまったのである。

そんななか、メディアは胡の死因を「過労死」と決めつけ、ファーウェイの創業以来のモットーである「奮闘精神」を厳しく批判。社員に過重労働を強いる「血も涙もない企業」だとセンセーショナルに報じた。また、インターネット上の人気掲示板サービス「天涯論壇」には〝胡新宇事件〟に関するスレッドが立ち、大量のコメントが書き込まれた。そのなかにはファーウェイが「半軍隊式のマネジメント」を行っていると糾弾するものもあり、明らかに社員が書き込んだとわかるコメントが少なくなかった。

こうした思わぬ展開に、任ら経営陣は強いショックを受けた。当初は憤り、困惑し、批判が理解できなかった。メディアに対して「事実と異なる報道を行った」と抗議したり、ネット掲示板に書き込んだ社員を調査したりもした。だが、その後の数年間、ファーウェイでは若手社員の「自殺事件」が断続的に起こり[1]、そのたびにメディアのバッシングが繰り返された。事ここに至り、経営陣はファーウェイの社内組織や企業文化が深刻な危機に直面している事実を認識させられたのである。

客観的に見て、任は非常にオープンな思考を持つ企業家である。「オープンでないことは死の道と同じ」。彼はそう繰り返し語り、ファーウェイのオープン路線を徹底してきた。とはいえ顧客や競合他社などへのオープンさに比べれば、社内組織や企業文化の開放度はずっと低かった。もっとあけすけに言えば、閉鎖的で硬直化していたのだ。

経営管理の歴史をひもとけば、近代企業の経営は軍隊の組織構造や指揮系統から大きな影響を受けていることがわかる。軍人出身の任が、規律、秩序、服従、意志統一、連帯意識などといった軍隊的文化の要素をファーウェイの経営に取り入れたのは自然な流れだろう。

「軍隊経験から受けた最大の影響は何か」。かつて、従業員との座談会でそう質問された任は、「服従です」と答えた。確かに、命令への服従は軍人の本分である。だが、それは企業の社員も同じだろうか。答えはイエスでもありノーでもある。企業が軍隊に似た階層組織や上意下達の指揮系統を否定すれば、組織はバラバラになり、激しい競争の中で生き残ることはできない。特に創業からの10年間、任の強いリーダーシップの下で社員の意思を統一してきたからこそ、ファーウェイは幾多の危機を乗り越えて成長できたのだ。

だが指摘しておかなければならないのは、ファーウェイの成長は決して軍隊式経営に依存したものではないということだ。むしろそれは、経営陣が危機に対してことさら敏感であり、しかも臨機応変の高い適応力を持つことによるところが大きい。さらに、任が一貫して唱え続けている自己批判の精神も深くかかわっている。

胡新宇事件をきっかけに巻き起こった批判の嵐を前に、任ら経営陣はこう自問した。「ファーウェイの企業文化に調整が必要ではないのか」、「社内によりオープンで民主的な雰囲気を作っていくべきでは」、「これまでの企業文化の何を継承し、何を改善していくべきなのか」——。

1998年に社内変革に着手して以来、任は繰り返しこう述べてきた。「属人的なマネジメントはやめなければならない。特に創業者や経営幹部の個人的な権威を排除すべきだ」と。だが、メディアは任がファーウェイの「絶対君主」であると、まるで当然のように報じてきた。また、一部の欧米メディアは、ファーウェイが中国政府の意を受けた国策企業であると断じている。それらが事実でないのなら、メディアを避け続ける必要があるだろうか。

こうした自己批判を通じて、経営陣はファーウェイの全面的なオープン化を決意した。任はこう語っている。

「歳月と共に環境は変わる。今こそ変化の時であり、さらにオープンにならなければならない。自由に議論してはいけない理由などないはずだ。議論したからといって、天が崩れ落ちるわけではないのだから」

反対意見を許す勇気

そして立ち上げられたのが、社員専用の交流サイト「心声社区」である。ここでは、15万人を超える社員が会社に対する意見を匿名で自由に発言できる。会社の批判はもちろん、任を含む経営幹部を名指しで批判しても一向に構わない。また、経営陣が多くの社員の利益に関わる施策を打ち出す際は、事前に心声社区に提案して意見を出し合ってもらう。社員の考えや気持ちが率直に語られ、活発に議論されている。時には社員同士で真っ向から意見が対立することもある。

ある時、心声社区にある地域の部門責任者を厳しく批判する書き込みが載った。批判された当人はこれに憤り、心声社区の管理者に連絡して書き込んだ者の社員番号を聞き出そうとした。この顛末の報告を受けた任は、即座にこう言った。「もしまた同じようなことがあったら、私の社員番号を教えてやりなさい」

心声社区の効用について、任は次のように語っている。

「会社に対する反対意見を許すのは、当初は危険を伴うことだと考えていた。しかしどうやら杞憂だったようだ。心声社区の実践を通じて、会社の意思決定はより透明になり、従業員の考え方も統一されやすくなった」

「真理とは論じれば論じるほど明らかになるものだ。社員の多くは会社に対して責任感を持っていると信じるべきである。少人数の幹部が会議室に閉じこもって何もかも決めていては、やがて大きな問題が生じるだろう」

全面オープン化への決断を機に、ファーウェイとメディアの関係も改善に向かった。2010年、任は珍しく語気を強めて次のように語った。

「我が社は長年、世間に対して砂の中に頭を突っ込んだダチョウ[2]のような振る舞いをしてきた。私個人はダチョウでもよいが、会社は前進していかなければならない。ファーウェイは今、批判を許す時が来たのだ」

そして、社員は誰でも自由にメディアの取材に応じてよく、事実であればどんな意見を述べても構わず、結果として意見が間違っていても責任を追及してはならないと説いた。任はこうも述べている。

「広報担当者が年に一、二回しか間違いを犯さないようでは、職責を果たしているとは言えない。間違った意見を述べる勇気を持つべきだ。誰かが少々間違ったことを言ったせいで、会社が潰れてしまうだろうか。そんなことで潰れるようなら、その組織には何の価値もない」

「誰かが間違った発言をしても、その人を攻撃したり、前途を閉ざしたりしてはならない。共に反省会を開き、次はどう正せばよいのか議論しよう」

「我々は、あらゆる場面で常に正しい行動を取ることは不可能だ。少なくとも私にはできない。だからこそ、私の発言や文章に対して社内から反対意見が出てくることを望む。社員の皆さんには、どうかもっと自由な発想で考えてもらいたい」

同時に、メディアと付き合う際の最低限の約束も定められた。それは「決してメディアを利用してはならない」というものだ。以来、ファーウェイは国内外のメディアの取材に積極的に応じるようになり、深圳の本社や工場の見学も受け入れている。

（1）　2007年から2008年にかけて、少なくとも6～7人の社員が飛び降り自殺などにより死亡した。

（2）　難題や不都合にあえて目をつむり、現実から逃れようとする心理の例え。

第4章 妥協という名の芸術

北京大学の銭乗旦教授は、著名な英国史研究家である。2003年11月、銭教授は中国共産党中央政治局の集団学習会[1]で、「15世紀以降の世界主要国の発展史の考察」と題する講義を行った。スペイン、ポルトガル、オランダ、英国など、かつて世界を席巻した大国はどのようにして台頭し、なぜ衰退していったのか。銭教授の歴史観は、中国の国家指導者たちに深い印象を与えた。

その一カ月半後、任正非は銭教授を深圳のファーウェイ本社に招き、経営陣を含む中上級管理職300人余りに対してほぼ同じテーマの講義をしてもらった。また三年後の2007年、銭教授が監修した中国中央テレビ局（CCTV）の大型ドキュメンタリー・シリーズ『大国崛起』が放送されると、任はDVDを200セットも購入し、幹部たちに視聴と議論をするよう促した。

この時期は、ファーウェイが中国のローカル企業からグローバル企業へと脱皮していく転換期だった。2003年のシスコによる唐突な訴訟をきっかけに、ファーウェイは欧米メディアから「向こう見ずで謎めいた会社」というレッテルを貼られてしまった。そんななか、欧米企業が主導権を握るビジネスのゲームの中にどう切り込んでいけばよいのか。解決すべき課題はあまりにも多く、先行きは五里霧中だった。

外国の市場に進出するには、その国の歴史や文化に関する文献を読み、実際に現地を視察し、人々と交流するなどの事前準備が欠かせない。なかでも欧米市場で受け入れられるためには、欧米の文化や社会制度についての系統立てた理解が不可欠である。その意味で、ファーウェイは明らかに準備不足だった。

「大国の興亡」の啓示

銭教授は、ファーウェイのために一枚の鮮明な海図を示してくれた。

15世紀から16世紀にかけて、スペインとポルトガルはどのように台頭したのか。当時のスペインは50万平方キロメートルほどの国土に600万人、ポルトガルはわずか九万平方キロメートルの国土に200万人の人口を擁していた。これら二つの〝小国〟が、一時は世界を分割するほどの勢いで版図を拡げていったのである。

原動力は国策に基づく重商主義[2]だった。国富の増大という国家的意志、冒険精神や豊かさに対する人々の憧れ、そして進取や開放を求める原始的意欲に突き動かされ、彼らは大海原を渡っていった。そして、異民族に対して最初は通商を求め、それに満足できなければ略奪するという血なまぐさいやり方で、世界中の土地や財宝を我が物にしたのだ。

17世紀に入ると、スペインやポルトガルよりさらに小さな新興国が頭角を現してきた。4万5000平方キロメートルの国土に100万人しかいなかったオランダである。オランダ人は世界中の海を縦横無尽に駆け巡り、通商によって膨大な利益を上げた。1700年頃のオランダは1万艘の商船を擁し、沿岸の港では停泊する無数の船のマストがまるで林のように見えたという。オランダ人は重商主義を相当成熟した段階まで発展させた。その最大の功績は銀行を作り、初期の金融システムを形成したことである。

オランダの時代は1世紀ほど続いたが、18世紀に入ると代わって英国が勃興してきた。英国人は晩期の重商主義から産業革命を経て工業主義に向かい、実業立国という新時代を切り拓いた。それは、英国を長期の繁栄に導く重要な基礎となった。全盛期の大英帝国は50以上の植民地、3億4500万人の人口、そして1160万平方マイルもの領土を統治したのである。

だが、ファーウェイ経営陣が銭教授の講義から最も衝撃を受けたのは、英国の「名誉革命[3]」だった。銭教授はこう解説した。

「1688年の名誉革命は暴力や戦争を意識的に避け、英国の主人が誰であるかという問題を根本から解決した。それ以降、専制君主制による統治は一度も復活しなかった」

名誉革命は英国史上最後の革命であり、流血や犠牲がほとんどない無血革命だった。その成功の拠り所は、理性的精神に基づく交渉と妥協にあった。王族や貴族、議会、市民など異なる利益階層が舌戦を繰り広げ、ある時は威嚇し、ある時は利益で誘惑した。そして、最後にはそれぞれが一歩引き下がり「妥協」したのである。血なまぐさい暴力を舌戦に置き換えることで、肉体の消滅を避けることができたのだ。

大国の興亡という歴史的ドラマは、任ら経営陣にどんな啓示をもたらしたのだろうか。創業直後からの10年間、ファーウェイは任の強いリーダーシップと集権的なマネジメントの下で社員の意思を統一し、高い経営効率と戦闘力を身につけた。だからこそ、自分よりも強大なライバルと戦い、過酷な環境でも生き残ってきたのである。

とはいえ一部の欧米メディアのように、ファーウェイを「独裁的で包容力のない企業」と決めつけるのは早計だ。実際には、ファーウェイは草創期から今日に至るまで絶えず妥協を重ねてきた。その最たるものが、中国はもちろん世界的にも類を見ない独特の「社員持株制度[4]」である。ファーウェイは任が創業した民営企業だ。にもかかわらず、任は会社の所有権を独占せず、社員たちに絶えず株式を分け与えてきた。2013年末の時点で、15万人を超える社員のうち8万4000人以上が持株制度を利用しており、任の保有比率はわずか1・4%に過ぎない。

これは、社員たちに対する任の利益的妥協にほかならない。社員たちの奮闘によって得られた会社の利益を還元することで、彼らのやる気を引き出し、団結心を高め、様々な苦難を乗り越えてきたのだから。

任はそれを海賊の「山分け文化」にたとえたことがある。海賊船の舳先に立って大声で叫ぶキャプテンが、何百人もの手下を従え、果てしない大海原に向かって船を漕ぐ。そして標的を見つけるや、号令一下たちまち攻め込んで金銀財宝を奪い取る。最も高価な戦利品を持ち帰った者が、分け前も一番多い。海賊のキャプテンは略奪の指揮官であり、先陣を切って突撃する戦士であり、さらに戦利品の分配者でもあるのだ。

海賊の山分け文化は、「最大の成果を上げた者が最大の利益を得る」というある種の公平原則の上に成り立っている。その魅力が荒くれ者たちを自然に引き寄せる。同様に、社員持株制度は優秀な人材をファーウェイに引き寄せ、任という卓越したリーダーの下で一致団結させ、目標に向かって奮闘する強い集団を作り上げた。

だが、「一緒に肉を食らい酒を飲む」という原始的な妥協文化は、リーダーへの盲信を生み、独裁の弊害に陥りやすい。さらに、組織に緊張と抑圧の空気をもたらしがちだ。緊張感のない企業が潰れるのは当然だが、緊張が高すぎれば張り裂けてしまいかねない。2000年前後のファーウェイは、まさにそのような状態だった。当時の任は「会社が潰れてしまうのではないか」、「潰れてしまったらどうしようか」といつも考え、非常にナーバスになっていた。「私が毎日考えているのは失敗ばかり。成功は見ても目に入らない」ほどだったのである。

賢い妥協と愚かな妥協

だが、任が並みの人間と違うのは、絶えず反省し自己批判する能力を持っていることだ。もともと彼は日々の経営判断や人事については放任主義で、ほとんど部下に任せていた。しかし、幹部の採用や抜擢に関しては自分の意見を決して曲げず、後に失敗だったとわかることも少なくなかった。ところが2000年、任は「幹部人事に関しても妥協の心を持つべきである」と自ら提案したのだった。「他者の意見をいつも排除しようとしてはならない。幹部人事に関してもっと広く議論する道を開き、様々な意見を受け入れるべきだ」。これは経営陣はもちろん、自分自身への要求でもあった。

任はなぜ変心したのか。スペインとポルトガルが繁栄から衰退に向かったのは、隆盛の後に驕りや贅沢に走り、冒険精神が退化したためだった。オランダの凋落の背景には、貿易至上と金融至上の行き過ぎによる実業の空洞化があった。しかし、英国は名誉革命という「妥協」を通じて西洋の商業文化の礎である「資本主義制度」を完成させ、長期の繁栄を謳歌した。

英国の政治史学者ジョン・アクトン卿は、「権力は腐敗するものであり、専制的権力は徹底的に腐敗する」という名言を遺している。政治とは常に衝突から始まり、妥協に終わるものだ。すなわち、妥協とは国家の衰退を防ぐための知恵であり、政治における魂なのである。

商業の魂も同じではないだろうか。会社の発展に向けた一連の事業プロセスのなかで、ファーウェイは顧客やライバルと様々な妥協を重ねることでウィン―ウィンの関係を築いてきた。同様に、社内の意思決定や部門間の連携も互いに妥協しなければ合意に達することはできない。妥協を拒否すれば、独裁や社内闘争によって組織が腐ってしまうのである。

任は社員持株制度という利益の妥協を、社員の結束力を高めるための手段にした。さらに、そこに自己批判の要素を加味することで、妥協という言葉により深い意味を与えている。妥協とは、手段であると同時に一種の思考方法だというのである。例えば、顧客やライバルとウィン―ウィンを築くための妥協は、経営者の器量や包容力の体現でもあるという。

妥協に関して、任は多くのことを語っている。

「一部の人々は、妥協とは軟弱で意思がぐらついていることの表れだと見ている。また、妥協したのでは英雄になれないと思っている。しかし実際には、妥協とは非常に現実的で臨機応変な知恵の塊なのだ。世界の賢人はすべからく、いつどのタイミングで他人に妥協すべきか、あるいは他人に妥協を求めるべきかを心得ている。詰まるところ、人が生きるための拠り所は意地ではなく理性でなければならない」

「妥協とは相手と自分、または三者以上が、ある条件の下でコンセンサスに達することである。それは問題解決において最善の方法ではない。しかし最善の方法が見つかるまでは、妥協こそが最善の方法だ」

「賢い妥協とは適度な取り引きを行うことである。最優先の目標を達成するため、それよりも優先度が低いことは応分に譲歩する。それは原則の放棄ではなく、一歩引き下がることで二歩前進することなのだ。反対に、愚かな妥協とは優先度の低い目標にこだわって核心的目標を放棄してしまったり、譲歩の代償が高すぎて過大な損失を被ったりすることである」

「賢い妥協とは譲歩の芸術であり、美徳である。それをマスターすることは、経営者や管理職にとって必須の素養なのだ」

独裁はリーダーの天性

リーダーシップとはすなわち決断を意味する。世の中には様々なタイプのリーダーがいるが、最もありがちな特徴は果断であること。すなわち独断専行だ。それはリーダーの天性と言っても過言ではない。

典型的な独裁者だったアドルフ・ヒトラーは、第二次世界大戦でドイツの敗色が濃くなるなか、地下室で恐怖と焦りに震えていたという。だが、国民の前では揺るぎなく果断な指導者を最後まで演じ続けた。

ビジネス界で最も有名な独裁者と言えば、２０１１年に亡くなったアップル創業者のスティーブ・ジョブズだろう。ＭａｃやｉＰｈｏｎｅなどの独創的な製品を次々に生み出した彼は、「イノベーションは誰がリーダーで誰が追随者かをはっきりさせる」という言葉を遺している。

多くの生物には「大勢に従う」という本能が備わっている。渡り鳥が隊列を成して飛ぶのも、羊が大群で行動するのも、単独では安心感がないからだ。そこから必然的に組織が生まれ、大勢に従う本能が形成された。これは人間社会においても普遍的に見られる状況だ。

そして、大勢に従うことの本質は、突き詰めれば一人のリーダーに従うことである。リーダーの基本条件は、チャレンジ精神や責任感に富んでいることだ。群れのメンバーが迷い惑うなかでもしっかりと覚めた目を持ち、進むべき方向を明確に示す。群れが困難に直面した時は、メンバーに希望を与え、先頭に立って鼓舞し、共に危機を乗り越える。実際のところ、緊急時にメンバー全員が情報を共有したり、悠長に議論したりしている余裕はない。ほとんどの場合、リーダーは独断的でなければ務まらないのである。

こうした視点から欧米の企業文化を見ると、非常に興味深い。欧米の政治体制は民主主義であり、個人の自由と権利を尊重する。ところが、有力企業の多くは典型的な「ＣＥＯ文化」であり、経営トップが突出した権力を有している。「会社の発展も衰退もＣＥＯ次第」という属人的な状態が珍しくないのだ。

独断的で妥協を忌み嫌ったジョブズは、アップル神話を作り上げて英雄になった。だが、もしジョブズが長生きしてアップルのＣＥＯを続けていたら、その独断専行と閉鎖的な製品開発路線ゆえに失敗しただろうと見る向きもある。もちろん、これは仮定の話に過ぎないものの、ビジネス史上にはそのような事例が無数にあるのも事実だ。

では、中国のファーウェイはどうか。メディアの目に、任は謎めいた独裁者として映っている。確かに彼の気質は情緒不安定で、他者との交流において辛抱強さに欠け、他の人の発言を遮ることも珍しくなかった。ひどい時には理性を失い、突然大声で怒鳴ったり、人前で部下を罵ることもあった。そこだけを見れば、理不尽で横暴、礼儀知らずと言われても仕方がない。

それでも、任は並外れた求心力を持つリーダーであり、社員が15万人を超えた今も社内で抜きん出た人望と強いオーラを放っている。だからこそ、「ファーウェイの発展も衰退も任正非次第」という状態に陥りやすく、実際に創業後の10年間はそうだったのだ。

権力を鳥カゴの中に入れる

独断専行による衰退のリスクを避けるには、まずリーダー自身がそれを自覚し、唯我独尊的な思考を捨て去らなければならない。「個人の意思をふるいにかけ、より洗練させるための仕組みが必要だ。それが集団による意思決定である。リーダーにとって面子は二の次であり、失うことを恐れてはならない」。任はそう語っている。

幹部人事についての任の提案を受け、ファーウェイの経営陣は「一票否決制」[5]の採用を決めた。

これは、任を含む誰もが個人の裁量では人事を決められず、必ず「妥協」を要することを意味する。その後の経営会議では、「私の意見だからといって受け入れられるとは限らず、皆からよく否定されている」と任は話す。彼は自分の意見を頑なに主張するが、最終的には全員が妥協してコンセンサスが作られる。

2011年1月、任は「名目のリーダー」という新たな概念を提唱した。

「将来の幹部を成長させるため、私（総裁）と会長は取締役会における名目のリーダーになる。その役割は否決である。すなわち、我々が同意できないことは取締役会に差し戻し、再度議論してもらう。こうすれば会社の規模が小さかった頃のような即断即決はできないが、大きな過ちは防ぐことができる。また、幹部たちの自発性を刺激し、より積極的な経営ができる。つまり、我々の否決権は皆をサポートするためなのだ」

「今後、幹部の選抜は制度と手続きに則って行う。私は制度作りや企業文化の構築について指導やサポートを行う。名目のリーダーは寂しさに耐えなければならない。もし私が頻繁に口を挟めば、業務フローを絶えず壊すことになり、皆が大変な苦労をする。寂しさはある種の苦痛だが、私はファーウェイの成功のために耐えなければならない」

リーダーとしての任は、いかに自発的に「権力を鳥カゴの中に入れる」[6]かを考え続けている。

そして、ファーウェイは一歩ずつ民主的な企業文化と科学的マネジメントに向かっている。

シスコCEOのジョン・チェンバースは、任がいつファーウェイの経営から身を引くかを気に掛けているという。彼に限らずファーウェイに注目する人々は、その将来を任という一個人の進退に結びつけて考えがちだ。しかし、それはもはや誤りと言えるかもしれない。今日のファーウェイの発展は、15万人を超える社員たちの団結と奮闘によって成り立っているのだ。

(1) 中国共産党の中枢である中央政治局が、経済、社会、国際情勢、軍事など各分野の専門家を招聘して行う学習会。最高指導者である党総書記の主宰で年間10回ほど開催されている。
(2) 貿易を通じた国富の増大を目指す経済思想。16世紀から18世紀にかけて西欧の専制君主国が推進した。
(3) 当時の国王ジェームズ2世を追放し、娘のメアリー2世とその夫のウィリアム3世を共同王位に即位させたクーデター。「権利の章典」の発布により英国の立憲君主制が確立した。
(4) 1990年、会社の資金不足を補うため社員から出資を募ったのを始まりに制度化された。現在、ファーウェイ株のうち任正非の持ち分を除く98・6%を社員持株会が保有し、制度を利用する社員に配当などの受益権を分配している。
(5) 採決において1票でも反対票があれば否決する制度。「全会一致制」と同義。
(6) 透明性のある制度の枠組み(鳥カゴ)により、個人の権力に歯止めをかけるという意味。

第5章 顧客至上主義

2000年代初頭の6月のある日、仏通信機器大手アルカテル会長（当時）のセルジュ・チュルクは、フランスのボルドー地方の私邸に中国からの客人――ファーウェイ総裁の任正非――を招いていた。目の前には日差しをいっぱいに浴びたブドウ畑が見渡す限り広がっており、閑静で、高貴で、ロマンチックな雰囲気が濃厚に漂っていた。

ワインを二種類ほど味わった後、チュルクはそれまでのリラックスした話題を一転し、こう語り始めた。

「私は重電メーカーのアルストムと通信機器メーカーのアルカテルという二つの会社に投資して

きた。重電業界は技術の変化も市場の競争もそれほど激しくなく、比較的安定している。それに比べると、通信業界の状況はあまりにも残酷だ。明日何が起きるかさえまったく予想できないのだから」――

任はチュルクの言葉に心から共感した。チュルクは欧州で広く尊敬を集めている実業家であり、アルカテルは通信業界のリーディングカンパニーのひとつだった。2000年代前半は欧州の通信業界の全盛期であり、ノキア、エリクソン、シーメンス、アルカテルなどのハードウェアメーカーはもちろん、ボーダフォン、ドイツテレコム、テレフォニカなど国際的な通信事業者[1]がグローバル市場を席巻。米国や日本のライバルはその後塵を拝していた。

当時のファーウェイは、何とかグローバル市場に食い込もうと必死にもがいている最中だった。ところが、「先行者」であるはずのアルカテルが経営環境の変化の激しさに困惑している様を目の当たりにして、任は驚きを禁じ得なかった。そして中国に帰国した後、社内の幹部らにチュルクの言葉を紹介し、「ファーウェイの明日はどこにあるのか」、「我々はどこに活路を見出せばよいのか」と繰り返し問いかけたのである。

幹部たちと議論を重ねた任は、ひとつの結論にたどり着いた。それは「顧客至上主義」の旗印を今まで以上に高々と掲げることだ。今日までのファーウェイの発展は顧客至上主義を拠り所にしてきたからこそであり、ファーウェイの明日も顧客との関係の中にしかあり得ない。つまり、「顧客のためにサービスを提供することこそファーウェイのただひとつの存在理由であり、顧客のニーズはファーウェイが成長するための糧なのだ」と。

目は顧客に、尻は上司に向けろ

深圳発北京行きのフライト。ファーストクラスの最後列に座って本を読み耽っていた任は、北京首都空港に到着すると立ち上がって荷物棚から手荷物を下ろし、到着ロビーの人混みのなかへ足早に消えていった。お伴の秘書もいなければ、出迎えの社員もいない。国内出張の際、彼は飛行機を降りると一人でタクシーに乗り、ホテルや取引先に直行するのが習慣になっている。これはファーウェイの他の幹部たちも同様だ。

「このような習慣があるのは、別に幹部のモラルが高いからではない。それよりも重要なのは、ここにファーウェイの基本的価値観が体現されていることだ。すなわち、顧客と上司のどちらが重要かという問題だ」。ある幹部はそう解説する。

任は長年、社員たちに向けて繰り返しこう説き続けてきた。

「我々の間には、顧客よりも上司を尊重する方がずっと大切だと誤解し、上司への気配りに汲々とするムードが上から下まで蔓延している。上層部に報告するためにきらびやかな資料を作ったり、幹部の出張のため実に細かなところまで手配したりしている。そんな状況で、顧客のために気を配る余裕が一体どこにあるというのだ」

そして、次のようにはっきりと命じるのだ。

「君たちは目をまっすぐ顧客に向け、上司へは尻を向けろ。幹部への気配りのために上から下まで狂奔しているようではいけない。上司が自分を気に入ってくれれば昇進できるなんて考えるな。そんな体たらくでは、我々の競争力は弱まってしまうだろう」

もちろん幹部たちにも自覚を求める。2010年のある会議で、任はこう訓示した。

「ファーウェイではこれからも目を顧客に、尻を上司に向ける社員を重用する。そして、目を上司に向け、尻を顧客に向ける社員は淘汰していく。前者は我々の企業価値を高めてくれるが、後者は個人の利益しか眼中にないからだ。各レベルの管理職には高い意識を身につけてもらいたい。部下が自分に尻を向けるのは気分の良いことではないかもしれないが、それでも彼らを大切にしなければならないのだ」

同じ年の12月、欧州の大手通信企業の幹部がファーウェイを視察に訪れた時、任は彼らのために「顧客を中心に、奮闘者を根幹とし、苦しい奮闘を長期にわたって続ける」と題する講演を行った。そして「これらこそ、ファーウェイがライバルに追いつき、追い越すことができた秘密のすべてであり、さらなる発展に向かうための『三つの根本的保障』なのです」と力説した。

「顧客中心とは、苦しい奮闘の道を歩むための方向性であり、奮闘者を根幹にするとは、顧客至上主義という苦しい奮闘を続けるための内在的な原動力です。そして苦しい奮闘を続けるとは、顧客至上主義を実現するための手段なのです。三つの根本的保障はファーウェイが発展するための〝鉄のトライアングル〟であり、互いに連結し支えあっていいます。これは元々わかっていたことではなく、我々が長年の実践を通じて学んだことです」

顧客至上主義はファーウェイ独自の理念ではもちろんなく、ビジネス界では一般的な価値観だ。「お客様は神様です」というお馴染みのスローガンは外国人が考えたものである。その理屈は極めてシンプルだ。企業の目的はお金を稼ぐことであり、稼げない企業には存在価値がない。では、企業は誰から金を稼ぐのか。それは当然顧客である。より多くの顧客に、自発的かつ長期的にお金を出させることのできる会社は、偉大な企業になれる可能性がある。

経営者から見れば、従業員は賃金の支払いを求め、サプライヤーは代金を請求し、政府は納税を要求する存在である。そんななか、唯一顧客だけが企業にお金を払ってくれる。とはいえ、いつも気前よく施しを授けてくれるわけではない。顧客には選択の自由があり、良質な製品やサービスを低価格で提供できる誠実な企業に対してのみ、お金を継続して払ってくれる。

米国の経営学の教父、ピーター・ドラッカーは「企業の目的とは、顧客の創造と維持である」と看破した。顧客至上主義は永遠に正しい真理なのだ。

ところが、過去30年余りの間に資本市場の急拡大とグローバル化が進み、「株価至上主義」が世界的に流行した。その結果、顧客至上主義のような伝統的な価値観は薄まってしまったり、形骸化してしまったりした。その最たる例が米国だ。企業の目的は「株主利益の最大化」になり、それが経営者の価値基準になったのである。

彼らは日々の株価の動きに一喜一憂し、証券アナリストの分析に従って自社が何を行い、何を行わないかを判断する。その結果、過去には考えられないスピードで企業を急成長させることが可能になり、グーグルやフェイスブックのような新興巨大企業が続々と誕生した。しかし反面、企業の崩壊も突然やってくるようになった。誰もが知る有名企業の時価総額がわずか数日、ひどい時には数時間で大きく損なわれ、二度と立ち直れないことも珍しくない。

名門ルーセントの栄光と転落

ファーウェイの驚くべき点のひとつは、これまで一度も「正気」を失ったことがないことだ。自社の価値観について幹部たちに聞けば、次のような答えが必ず返ってくる。

「我々は顧客の価値を創造することで生存している。つまり、ファーウェイの価値は顧客の価値の一部分でしかない。我々を養ってくれるのは顧客だけであり、顧客のために尽くさなければ餓死してしまうだろう。顧客の価値観を唯一の基準にしなければ、ファーウェイが生き続けることは不可能だ」

2001年7月、ファーウェイの社内紙に「顧客のために尽くすことこそファーウェイの存在理由である」という題名の文章が掲載されることになった。その原稿のゲラ刷りを読んだ任は、題名の後半を「唯一の存在理由である」に修正させた。ファーウェイは顧客のために存在しており、顧客がいなければファーウェイの存在理由はない。そう考えて、「唯一の」という言葉を付け加えたのだ。

「ファーウェイの価値観はシンプルでなければならない。顧客至上主義は企業活動の本質である。顧客を満足させられなければ、会社は生き残ることができない。こんなにシンプルな常識なのに、それをやり続けるのは何と難しいことか。顧客至上主義を貫くことができれば、必ず成功できるのだ」

真理とはかように単純明快なものだ。ファーウェイは資本市場のマジックを信じない。欧米のライバルが「四半期単位」で事業計画を立てていた時、ファーウェイは「10年単位」で将来を設計していた。「もし、ノキアやシスコが上場せず、一心不乱に顧客に目を向けていたら、ファーウェイが彼らのライバルになる日は来なかっただろう」と、ファーウェイ副会長の徐直軍は言う。

ビジネスの歴史はもともと血なまぐさいほどに残酷だ。しかも1990年代以降、情報化とグローバル化の加速によって変化のサイクルが速まり、振れ幅も大きくなった。通信業界の移り変わりの激しさはまるでジェットコースターのようである。

ルーセント・テクノロジーは、米国最大の通信事業者AT&Tの通信機器製造部門が1996年にスピンオフして発足した。米通信業界の宝とも言える名門「ベル研究所」を傘下に持ち、世界で最も優れた技術を持つ通信機器メーカーとして投資家から高く評価されていた。1999年末、ルーセントの株価は84ドルの最高値をつけ、時価総額は1300億ドルを超えた。

ところが、2000年のITバブル崩壊とともに業績が急降下。株価も暴落し、2002年には1ドルを割り込んで最高値の100分の1以下に沈んでしまった。最盛期に15万人を超えていた従業員は、リストラに次ぐリストラで3万5000人に激減。数年前まで眩いばかりに光り輝いていたスター企業が、あっという間に崖っぷちに追い込まれてしまったのである。結局、ルーセントは2006年にアルカテルと合併。その後も業績不振が続いている。

経営環境の変化が企業変革のスピードを上回る時代には、栄光からの転落はかくも突然に訪れる。しかも、嵐を避けられる安全な場所は世界中のどこにも存在しないのである。

アナリストの多くは、ルーセントの凋落の原因はITバブルの崩壊にあったと分析している。しかしより正確に言えば、ルーセントは株価至上主義に血道を上げ、バブル崩壊の衝撃に耐えられない「水ぶくれ体質」になっていたのが致命的だった。バブル崩壊前の高株価を背景に、ルーセントは他社の買収を繰り返して事業規模を急拡大させた。だが、その実態は異なる企業文化の寄せ集めであり、風向きが変わった途端バラバラになってしまったのだ。

さらに、ルーセントは株価至上主義と技術至上主義という両極端の路線を固守しようとした。株価上昇に見合った業績拡大に躍起になる一方、金食い虫であるベル研究所も温存したのだ。もちろん、何人ものノーベル賞受賞者を輩出してきたベル研究所の歴史と業績は称賛に値する。しかし株価至上主義であれ技術至上主義であれ、顧客至上主義とはかけ離れている。ルーセント凋落の真の原因は、ビジネスの本質を忘れてしまったことだと言っても過言ではない。

株価至上主義や技術至上主義が偉大な企業を破滅させた例は枚挙に暇がない。第2章で紹介したワング・ラボラトリーズを始め、モトローラ、ノーテル、ノキア――。生き残った企業も栄光を維持するのは容易ではない。かつて世界一の時価総額を誇ったマイクロソフトやシスコも、時代の変化とともにじりじりと後退した。2012年に時価総額の史上記録を塗り替えたアップルでさえ、明日は我が身かもしれない。

株価至上主義の煩悩を捨てる

ファーウェイには創業以来25年余りの間に資本提携のチャンスが幾度もあった。だが、任はそれを頑なに避け続けてきた。

ある時、米投資銀行大手モルガン・スタンレーのチーフ・エコノミストだったスティーブン・ローチ[2]が、複数の有力機関投資家を引き連れてファーウェイ本社を訪問した。ところが、任正非は彼らと面会せず、研究開発担当の副総裁に応対させた。ローチはいささか落胆した様子で、「我々は3億ドルを動かせるチームなのに」とこぼしたという。

面会を断った理由について、任はこう説明した。

「ローチ氏はファーウェイの顧客でもないのに、なぜ私が面会する必要があるのでしょうか。もし顧客なら、私はどんなに小さな取引先でも面会します。しかし機関投資家は私とは何の係わりもない。私は通信設備を売る人間であり、必要なのは設備を買ってくれるお客様なのです」

変化の激しい通信業界でファーウェイが生き残り、大きく発展することができたのは、任ら経営陣が顧客至上主義を貫き、社員とともに苦しい奮闘を続けてきた成果である。と同時に、株価至上主義の誘惑を断ち切り、「見せかけの成功」を追わなかったことも大きい。

「愛欲の人は、松明を執りて逆風をなお行くに、必ず手を焼く患い有るが如し」――。古代中国の仏典「四十二章経[3]」の一節である。欲望にとらわれた人間は、風向きが変わり逆風になっても煩悩（松明）を捨てられず、火傷を負ってしまいかねないという意味だ。ファーウェイは正に、株価至上主義という煩悩を捨てることにより、環境変化による身の破滅を未然に防いだのである。

言い換えれば、ファーウェイの経営陣は煩悩に左右されない揺るぎない価値観を持っていたということだ。「我々の成功の源泉は、資本でも技術でもなく顧客である。ファーウェイは投資家と親しむのではなく、顧客と親しむ企業文化を育まねばならない」。彼らは固くそう信じている。

生き延びることこそ勝利

中国には4000万社を超える中小企業があり、GDP（国内総生産）の六割、雇用の八割、そして税収の五割を生み出している。だが、ある調査によれば中国の企業の平均寿命は三年未満で、毎年100万社以上が倒産しているという。別の調査によれば、欧州企業および日本企業の寿命が12・5年、米国企業が8・2年だったのに対し、中国の中小企業はわずか3・7年だった。中国の大学院のＭＢＡ（経営学修士）課程でケーススタディとして取り上げられた国内の〝優良企業〟のうち、既に半分以上は破綻したというまことしやかな説もある。

生き延びるとはかくも難しい――。ファーウェイ会長の孫亜芳は嘆く。特に会社がまだよちよち歩きの草創期はなおさらだ。「ファーウェイが成功したのは、素質や実力よりも運に恵まれていたからだ」。任はそう語っている。

創業時のファーウェイはメーカーではなく販売会社だった。自社製品も資金もないなか、競争相手の外資企業と国有企業の十字砲火を死にもの狂いでかいくぐり、生き延びてきた。当時のファーウェイの合言葉は、「勝てば共に祝杯を挙げ、負ければとことん助け合う」であった。要するに、生き残ることこそが勝利だったのである。それがいかに虚しい勝利だとしても、何より稼ぐことを優先し、会社に「筋肉」をつけなければならなかった。

当時、任が「世界レベルの企業を目指す」というスローガンを掲げた時、社員たちはみなそれが任の追い求める理想なのだと信じた。だが任自身は、このスローガンが身の程知らずの大風呂敷であることをはっきり認識していた。だからこそ、ファーウェイは何が何でも生き延びなければならなかった。生き延びられなければ将来が開けることもあり得ないからだ。

こうして、「生き延びる」ことはファーウェイの最低限かつ最高の戦略目標となった。草創期の社内資料や任のスピーチなどを調べると、目につくのは「オオカミのように強く賢くあれ」、「進歩するために面子を捨てよ」などといった精神論的なフレーズばかりである。顧客至上主義についての系統立てた考察や論述はほとんど見当たらない。

要するに、この頃のファーウェイは他の数千万社の中小企業と同様、市場の底辺で必死にもがいていたのだ。世界レベルの企業を目指すという曖昧模糊とした理想はあれど、何故そこへ向かうのか、何を拠り所にするのかといった価値観はまだなかった。生き残ることさえ容易でない日々には、それも無理からぬことだろう。

こうした混沌状態からファーウェイが抜け出したのは、創業7年後の1994年以降のことだ。同年10月、自社開発したC&C08型デジタル交換器（1万ゲート）の初号機を江蘇省邳州市の郵便電話局に納入し、稼働させることに成功した。これを境に、ファーウェイは「製品も技術もない」時代に別れを告げ、製造業という新たな段階へ進む条件を手に入れた。餓えてがりがりに痩せていたオオカミの身体に、ようやく筋肉がつき始めたのだ。

顧客はファーウェイの魂

自社製品の販売を始めてからかなり長い期間、ファーウェイに対する顧客のイメージは「低価格で品質は劣るが、サービスは優秀」というものだった。1994年6月、任はサービスについて次のように語っている。

「我々の製品は低価格であることを期待されており、そのプレッシャーは大きい。だが、顧客のために心からサービスするという我々の決意は必ずや神様を感動させ、苦難を徐々に和らげてくれるはずだ。顧客サービスを徹底すれば、我々は絶対に生き残れる」

「ファーウェイの企業文化の特徴は正にサービスである。サービスを行うことでのみ、それを会社の利益に換えることができるからだ。従って、我々はサービスを組織作りの根本に据えなければならない。もし我々にサービスをする必要がない日が訪れたら、それは会社をたたむ時だ。サービスとは、会社と社員の生命を徹頭徹尾貫いているものなのだ」

中国のある通信事業者の幹部は、当時のファーウェイの印象を今も鮮明に覚えている。初期の自社製品は主に県レベルの郵便電話局に納入されたが、安定性が低くトラブルが多発した。しかし、ファーウェイのサービス部隊は一日24時間、呼べばいつでも駆けつけた。

郵便電話局の体質は典型的な国有企業のそれであり、職員は出入り業者に対して上から目線でものを言うことに慣れ切っていた。だが、ファーウェイの社員はこっぴどく叱責されても言い訳せず、トラブルを真剣に反省し、すぐに解決と改善に取り組んだ。一方、欧米メーカーは対応が遅く、トラブルの責任を顧客に押しつけることも珍しくなかったという。1990年代の中国では、サービスという概念はまだまだ一般的ではなかった。そんななか、ファーウェイは徹底したサービスを通じて顧客に強い印象を与えることに成功したのだ。

そして1997年、ファーウェイは「顧客に向き合うことを基本とし、未来に向き合うことを方向性とする」という価値観を正式に打ち出した。任は社員たちにこう説いている。「もし顧客と向き合わなければ、我々の存在基盤はなくなってしまう。もし将来に目を向けなければ、我々は進歩なく停滞し、やがて落ちぶれてしまうだろう」。

その後、多少のフレーズの変化はあれど、顧客中心主義はファーウェイの価値観の根幹として揺るぎないものとなっていった。

「顧客はファーウェイの魂である。たった一人のリーダーに依存した企業経営は危険であり脆弱だ。しかし顧客の在るところ、ファーウェイの魂は永久に存在し続けるのであり、それは誰がリーダーになっても変わらない。このことは、我々の未来に明るい希望を与えてくれる」

2000年代半ば以降、ファーウェイはグローバル化を加速し、世界中で新たな顧客を開拓した。と同時に、顧客とのつながりを単なる売り手と買い手の関係から、お互いに利益を分かち合うパートナーシップに進化させていった。ファーウェイにとって、これは大きな戦略転換を伴う変化だった。

そのような局面で、企業は往々にして方向性を見失ったり、価値観にひずみが生じたりすることがある。だがファーウェイの経営陣は、顧客中心主義は永久に正しい真理であると確信していた。であるがゆえに、2006年から2010年にかけて組織の各段階で顧客中心主義に関するトレーニングを強化し、さらなる意思統一を図った。そして2010年、「顧客を中心に、奮闘者を根幹とし、苦しい奮闘を長期にわたって続ける」という新たなフレーズが打ち出され、ファーウェイの価値観の中核に位置付けられた。

共存共栄を求め英雄になる

2002年のこと。中国の『IT経理世界』というビジネス誌に「ハイエナからライオンへの進化」という題名の記事が掲載された。この記事は中国市場をアフリカのサバンナにたとえ、そこで競い合う通信機器メーカーをライオン（外資系多国籍企業）、ヒョウ（外資と中国資本の合弁企業）、ハイエナ（純粋な中国企業）の三つに分類した。そして、ハイエナの特徴を「常軌を逸した値下げ競争を仕掛け、業界全体の利益率を低下させる」、「意表を突くグレーな手段で利益をさらい、競争相手を出し抜く」などとし、ライオンにとって手強く侮りがたいライバルだと分析。そのうえで、「最も傑出したハイエナはファーウェイだ」と名指ししたのである。

しかし、ファーウェイの経営陣は自分たちがハイエナであるとの解釈を否定し、反感すら抱いている。「我々が今日まで発展できたのは、顧客やパートナーの利益を最優先に考え、自分の利益は後回しにして、ありとあらゆる手段で奮闘を続けてきたからだ」と任は言う。ファーウェイの眼中には顧客のことしかなく、ライバルを意識して戦う余裕などなかったというわけだ。

とはいえ、当時のライオンの目には、ファーウェイの姿は正にハイエナそっくりに見えただろう。ファーウェイは技術、製品、資金、人材のいずれも極端に不足した飢餓状態から這い上がらなければならなかった。そのためには、「顧客のニーズを汲み取り、良質な製品とサービスを低価格で提供する」というシンプルな実践を無我夢中で続けるしかなかったのである。

それから11年後の2013年、ファーウェイのグローバル売上高は2390億元（4兆円規模）に達し、ついにエリクソンを抜いて世界の通信機器メーカーの頂点に立った。今日のファーウェイは、技術や製品はもちろん、十分な資金や人材、洗練されたマネジメントを備えた立派な「ライオン」である。それでも、任は顧客至上主義を片時も忘れなかったばかりか、それを不断に進化させようとしてきた。

2009年、四川省の都江堰[4]を訪問した任は、岷江に堰を築いて治水と灌漑の問題を一挙に解決した李冰親子[5]の故事にヒントを得て、「川底を深く掘り、堰を低く作る[6]」というスローガンを打ち出した。

「川底を深く掘るとは、社内の潜在能力を深く掘り起こし、競争力の強化や将来への先行投資を怠らないということである。また、堰を低く作るとは、短期的な利益のために長期的な目標を犠牲にしてはならないということだ」

「我々は『川底を深く掘り、堰を低く作る』という精神に則り、自分自身にはより多くの困難を与え、他者にはより多くの利益を差し出すべきである。友人を多く作ることで敵を減らす。ひとりだけ優位に立とうとせず、多くの友人と団結してウィン—ウィンの実現を目指すべきだ」

「堰を低く作ることで、ファーウェイは必要最低限の水（利益）を得て、残りの水はすべて顧客やパートナーに譲り渡す。そうすることで、我々の生存能力を高めることができるだろう。そして最後まで生き残ることができた者は、みな英雄なのである」

このような価値観は、ファーウェイの顧客中心主義をさらに延長させたものだと言える。世界の通信業界にあって自らにより大きな使命を与え、「幾多のライバルと共存共栄しながら天下の英雄となる」という新たな理想を掲げたのだ。

（1）ボーダフォンは英国に本社を置く世界最大の移動体通信事業者。世界20カ国以上で自社通信網を運営し、30カ国以上の通信事業者に出資している。ドイツテレコムは固定網を含む総合通信事業者では欧州最大で、世界50カ国以上に事業を展開している。テレフォニカはスペインに本社を置く総合通信事業者。欧州や南米を中心に20カ国以上に進出。

（2）1991年からモルガン・スタンレーのグローバル主席エコノミストを務めた後、2007年香港のアジア統括会社の会長に就任。中国に太いパイプを持つことで知られる。現在はエール大学で教鞭を執る。

（3）1世紀の後漢代、迦葉摩騰と竺法蘭が漢訳した中国仏教最初の経典とされる。仏陀の教えを平易に説く42の格言が集められている。

（4）四川盆地西部を流れる岷江に人工の中洲を築き、分けた流れを成都平原の灌漑に利用する水利施設。原型となる堰は紀元前3世紀に築かれ、古代中国の土木技術の粋として世界遺産に登録されている。

（5）都江堰の設計と建設に携わった春秋戦国時代の水利技術者、李冰と息子の李二郎の親子。

（6）都江堰の設計上の創意工夫を意味する格言。川底を深く掘ることで十分な灌漑用水を確保する一方、堰を低く作ることで増水時にはあふれた水が本流に戻るようにし、水量のバランスを取っている。

第6章 奮闘者だけが生き残る

任正非は物事の長期的な方向性を見通す鋭い洞察力を持っている。だが見方を変えると、彼はある種病的と言えるほどの不安症を抱えた人物だ。リーマンショックの翌年、任はことある毎にこう繰り返していた。

「グローバル経済は2008年を上回る危機に再び陥り、不景気や混乱が長引く可能性がある。中国は減税を行って企業を生き延びさせ、より多くの雇用を確保し、社会の安定を保つ決断をすべきだ」

欧州債務危機の最中の2011年には、ある中国政府の高官にこう語っている。

「世界経済が数年以内に急回復するのは不可能だ。むしろ次第に縮小に向かう可能性の方が大きい。危機はギリシャ、イタリアに続いてＥＵ全体に広がるかもしれない。中国にとっても対岸の火事ではなく、手遅れになる前に対策を打つべきだ。企業が次々に倒れるまで座視してはいけない」

そのうえで、任は次のように断言する。

「グローバルな経済危機はある企業にとっては災難に、別の企業にとっては逆にチャンスになるだろう。ビジネスの縮小は許されるが、会社の崩壊は許されない。不況期を生き抜いてこそ、景気回復後の強者になれる」

「繁栄の背後には危機が満ち溢れている。ファーウェイは一日でも奮闘を怠れば退場の憂き目に遭い、三日学習を怠ればライバルに置いて行かれる。これは誇張ではなく厳しい現実なのだ」

奮闘する者だけが生き残れる――。創業から25年余りの実践を通じ、ファーウェイ社員はそう固く信じている。製造業の経営マネジメントはそもそも複雑かつ困難だが、なかでも電子工業は難しい。天然資源や社会インフラなど、技術革新や市場の変化を妨げる制約が少ないからだ。例えば、自動車産業の発展は石油資源、素材産業、道路インフラなどに制約される。しかし電子工業では、半導体の原料のシリコンは事実上無尽蔵で、ソフトウェアに至っては人間の頭脳から無限に生み出される。まさにこの現実が、情報通信業界の競争を苛烈で無情なものにしている。

創業時に自社製品を持たなかったファーウェイは、１９９１年、メーカーに脱皮するために不退転の決意をした。当時の持てる資金と人的資源を集中し、自社ブランドのプログラム制御交換機の開発に乗り出したのだ。工業用賃貸ビルの三階に50人余りのエンジニアが泊まり込み、昼夜兼行で働いた。フロアの壁際にはベッドが10床以上並べられていたが、それでは足りずに発泡スチロールの上にマットレスを敷いてベッド代わりにした。

作業に疲れるとある者は机で居眠りをし、ある者はフロアにダンボールなどを敷いて仮眠をとり、目覚めたらまた続けて働いた。なかには過労のせいで角膜を痛め、あやうく失明しそうになったエンジニアもいた。そしてようやく製品のテストにこぎ着けた時には、会社の資金はもうほとんど底をつきかけていた。

それ以上開発が遅れたら、ファーウェイは破産していたかもしれない。まさに背水の陣の勝利だった。任ら創業メンバーは、この経験からある真理を会得した。企業が生き残り発展するための妙薬など存在せず、第三者から見ればぶざまで愚かしいやり方、すなわち苦労に耐えて奮闘する以外に道はないということである。苦労を厭えば消滅するしかなく、奮闘しなければ自分の運命を変えることはできないのだ。

命の危険を顧みない奮闘

ファーウェイは、創業以来直面してきた無数の危機を、奮闘を通じて一つひとつ乗り越えてきた。だが、その代償も大きかった。

11月のロシア・シベリア西北部。零下30度の暴風が吹きすさぶなか、ファーウェイ社員の葉樹は目的地のノリリスク[1]に到着した。同地では、ファーウェイが落札したGSM（欧州規格）携帯電話ネットワークの建設が急ピッチで進められていた。冬の北極圏では日照時間が極端に短い。葉が着いたばかりの時は日の出から日の入りまでまだ四時間あったが、しばらくすると2時間に縮まった。それ以外の22時間、ノリリスクは極寒の暗闇に包まれる。そんな過酷な環境でも、葉らファーウェイの社員は現地時間の午前10時から仕事を始め、毎晩午後八～九時まで働いた。

食事ひとつとっても大仕事だった。「私は同僚の一人と電気鍋を共用し、自分たちでご飯を炊いていました。同僚が水を入れすぎてお粥のようになったり、私が過熱しすぎて焦げてしまうこともしょっちゅうでした。炊き上がったご飯にソーセージを混ぜ、中国から持ってきた『老干媽』（トウガラシを使った調味料）を添えて食べました。それだけで十分なごちそうでしたよ」。葉はそう振り返る。

そして二カ月が過ぎ、設備の施工と試験は成功裏に完了。ノリリスクでファーウェイ製の携帯電話網が稼働した。これは北極圏に設置された最初のGSMネットワークでもあった。

2002年5月、エジプトの首都カイロからチュニジアの首都チュニスに向かっていたエジプト航空機が、悪天候による視界不良に機材故障が重なり、チュニス近郊の山の中腹に墜落した。その衝撃で機体は真っ二つに割れ、乗客乗員62人のうち14人が死亡した。

乗客名簿には一人の中国人ビジネスマン――ファーウェイ社員の呂暁峰――の名前があった。事故当時、彼は割れた機体の裂け目から二列目のシートに座っており、墜落の強烈なショックでメガネが割れ、左目の瞼が切れた。だが、幸運にも死を免れた呂は、機外に脱出した後も現場から離れず、一人の英国人乗客とともに負傷者を安全な場所まで運んだり、自分のジャケットを子供の背中にかけてあげたりした。

不幸にして帰らぬ人となった社員もいる。2005年10月、ナイジェリアの最大都市ラゴスから首都アブジャに向かっていた国内線旅客機が墜落し、乗客乗員117人全員が死亡した。犠牲者のなかには三人のファーウェイ社員がおり、彼らはそれぞれ23歳、25歳、27歳という若さだった。

「世界の屋根」と呼ばれるチベット高原。その西端にあるガリ地区の標高は平均4500メートルを超える。かつてそこで多機能通信ネットワークの建設プロジェクトに従事した滃毅斌は、当時の経験を社内誌にこう書いている。

「ひどい頭痛が何日も続き、夜はほとんど眠れなかった。酸素不足と乾燥で唇は紫に変色してひび割れ、水をがぶ飲みしてリップクリームをたくさん塗るしかなかった。重い設備を背負って少し歩くだけで動悸がし、大きく深呼吸しなければならない。重い頭とだるい身体にむち打って2週間近く働いた」

「ある晩、零下20度を下回る寒さのなか、私は設備の取り付けを少しでも早く済ませようと残業していた。刺すように冷たく乾燥した空気が鼻から肺に入り込み、耐え難いほど痛かった。設備を抱えて何度も現場に往復すると、心臓の鼓動が乱れ、眩暈に襲われる。私はその場に座り込み、酸素ボンベを抱きかかえて何度か深呼吸し、しばらく経つとようやく落ち着いた」

1990年代末に始まったファーウェイの国際化は、こうした自己犠牲を厭わぬ社員たちの苦闘と貴い犠牲によって贖われた。2006年の社内誌に、ある社員はペンネームで次のように書いている。

「硝煙が消えないイラクから伝染病が蔓延するアフリカ奥地まで、ファーウェイ社員の姿を見ない土地はない。私たちはここまで一歩ずつ歩んできた。そしてこれからも、果てしなく続く長征(2)の道を断固として歩み続けるのだ」

命の危険を感じた経験は、トップの任も一度や二度ではない。ある時、任が乗った旅客機が北京空港を離陸して十数分後に大きく揺れ始め、続いて急降下した。「機材に故障が起きました。空港に引き返します」。機長から緊急アナウンスが流れるなか、任の全身の筋肉は緊張し、冷や汗が流れた。

数分後、飛行機は無事着陸に成功した。滑走路の脇には何台もの消防車やパトカーが赤色灯を点滅させて並んでいた。「何とか助かった」――。任はそうつぶやいたが、緊張はすぐには解けず、顔色は青ざめたままだった。

そのわずか十数日後、任はエジプトのカイロからカタールのドーハに向かう飛行機で再び同様のトラブルに見舞われた。結果として無事にカイロ空港に着陸したものの、心の動揺は収まらない。飛行機を降りて空港の待合室のベンチに座った任は、同行者の一人に「怖くなかったですか」とたずねた。すると相手の返事は意外なものだった。「怖くなんてありません。そもそも命ははかないものです。今を生き、毎日をよりよく過ごすしかありませんよ」。それを聞いた任は気を取り直し、二時間後には別の航空会社の便で再びドーハを目指した。

この時の経験を、任は感慨深げな様子で語ったことがある。ファーウェイでは飛行機を利用する社員が毎日何千人もいる。つまり、任が感じた恐怖は社員たちにとっても同じなのである。「これはファーウェイの宿命だ。企業は奮闘しなければ滅びるしかない。奮闘すれば犠牲は避けられないが、奮闘しなければ何も得られないのだ」

任を含むファーウェイの幹部は、携帯電話の電源を毎日24時間必ずオンにしていなければならない。中国国内でも海外でも、必ず連絡がつくようにするためだ。今日のファーウェイでは15万人を超える社員が世界160カ国で活動しており、毎日様々なことが起きている。「良い知らせはいらないが、悪い知らせは必ず聞かなければならない。特に従業員の命にかかわる問題は重要だ。彼らの全員が奮闘者なのだから」

「世界最高峰」の基地局

北京オリンピックの開幕を1年後に控えた2007年8月、中国最大手の移動体通信事業者である中国移動通信（チャイナ・モバイル）はファーウェイにある特別なプロジェクトを発注した。海抜8848メートルの世界最高峰、チョモランマ（エベレスト）の頂上に向かう聖火リレーの模様を実況中継するため、海抜5200メートルと6500メートルの地点に無線基地局を建設するというものだった。

チョモランマの自然環境の厳しさは想像を絶する。海抜5200メートル地点の酸素量は平地の半分、6500メートルは四割未満しかない。しかも天候がめまぐるしく変わり、人間を容易には寄せ付けない。そんななか、四人のファーウェイ社員がこの過酷な任務に挑んだ。彼らは眩暈、頭痛、唇の腫れ、不眠、食欲不振などに苦しみながらも奮戦し、2007年11月13日、ついに任務をやり遂げた。これにより、チョモランマの登山ルートの全域が無線通信網でカバーされた。翌2008年5月8日、北京オリンピックの聖火はチョモランマ登頂に成功。その映像はファーウェイの基地局を経由して全世界に配信されたのである。

ファーウェイの社員たちは、世界各地で起きる大災害や政情不安にも否応なく巻き込まれてきた。

２００３年5月21日、アルジェリア北部でマグニチュード6・8の大地震が発生し、建物の倒壊などで２２００人以上が犠牲になった。この地震の後、欧米企業の駐在員は全員が国外に避難したが、ファーウェイの社員たちは現地にとどまり持ち場を守った。そして震災の3日後、もともとの計画通りに多機能通信ネットワークの増強工事を完成させ、震災のために生じた通信の逼迫を最大限緩和したのである。

２００８年11月26日、インド最大の都市ムンバイで同時多発テロが発生。ライフルや手榴弾で武装した集団が駅やホテルなどを襲撃し、人質を取って立てこもった。鈍い爆発音が街角に響き、路上から歩行者や車の姿が消え、商店はシャッターを下ろした。外出しようとする者など誰もいなかった。そんななか、ファーウェイの社員は顧客の求めに応じ、危険を顧みず客先の拠点へと向かった。そして製品のアップデートを早朝五時半に完遂した。

２０１１年2月2日は中国の春節（旧正月）の大晦日だった。ファーウェイのカイロ事務所の駐在員は、中国の同僚に向けてこんなメッセージを送った。「窓の外では、まるで春節を祝う爆竹の音のように銃声が響いている。しかし我々はここを死守する。祖国とファーウェイに祝福あれ！」。この時、エジプトは30年近く続いたムバラク政権を崩壊させた騒乱の最中にあったのだ。

真の顧客本位とは何か――。ファーウェイのある経営幹部は次のように語る。「顧客本位とは、顧客に毎日頭を下げて回ることではない。自分の仕事に責任感を持ち、それを忠実に全うすることだ。顧客がファーウェイの設備を使って通信ネットワークを構築する場合、我々は高品質の製品を低価格で、迅速かつ正確に納品し、最高のサービスを提供するのが当然だ。天災や戦乱などの極めて困難な状況が発生した場合も、我々は顧客とともに乗り越えなければならない。非常時には通信ネットワークに問題が生じやすく、我々の奮闘が求められているからだ

では奮闘とは何か。任はこう語っている。

「奮闘とは、顧客のために価値を創造するあらゆる活動において、自らを充実させ、向上させる努力のすべてである。どんなに苦労しても、自分が成長しなければ奮闘とは言えない」

こうした価値観が、ファーウェイに対する顧客の信頼を支えているのは疑いない。だが同時に、それは社員たちに常に緊張を強いてもいる。社内事情に詳しいある人物によれば、ファーウェイの経営幹部のうち少なからぬ人数が精神的プレッシャーに起因する何らかの疾患――不安神経症、鬱病、高血圧、糖尿病など――を抱えているという。

マットレス文化

草創期のファーウェイでは、新入社員が初出社するとまず総務部からマットレスとタオルケットを支給された。昼休みに床に敷いて寝転がれるようにだ。夜の残業でも寮に帰りたがらない社員が多く、疲れたらマットレスを敷いて一眠りし、目覚めたら再び仕事に戻っていた。

「〝マットレス文化〟は当時の社員たちの苦しい奮闘を象徴するもので、ファーウェイの企業文

化の一部を形作った」。ある古参社員はそう誇らしげに話す。

また、ある経営幹部は次のように解説した。

「創業当時は技術も資金もないなか、社員全員が真剣に課題克服に取り組み、一心不乱に技術研究に励み、製品の開発やテストを繰り返していた。週末も祝日もなく、昼夜の区別さえなかった。そして、疲れたら床で一眠りし、起きたら仕事を続ける。これが我々の〝マットレス文化〟の起源であり、ファーウェイの精神的至宝なのだ」

中国の科学技術の振興について、一部の学者たちは「中国製造（メード・イン・チャイナ）から中国創造（クリエイト・イン・チャイナ）への転換を急ぐべきだ」と主張している。このような見方について、任は次のように語ったことがある。

「学者たちは、創造がゆっくりしたプロセスであることを無視している。創造に費やされるエネルギーはとてつもなく大きく、多数の会社が犠牲になったうえで、やっと一部の会社が成功するのだ」

「ファーウェイの創業以来の〝煉獄〟は、我々自身と家族だけにしか理解できないだろう。それは週40時間の労働で実現したものでは決してない。他人と変わらぬ努力では、傑出した芸術家や科学者は生まれない。エンジニアやビジネスマンも同じではないか」

「創業当時、私は毎日16時間以上働いた。自分の個室はなく、食事も寝泊りもすべてオフィス。週末も祝日もなかった。今日のファーウェイは、いま在職している社員だけでなく、すでにファーウェイを離れた元社員を含めた十数万人の20年以上にわたる奮闘によって創造されたのだ。産業構造の転換やアップグレードを短期間で簡単にできると思ったら大間違いだ」

ファーウェイの社員たちは、〝棚からぼた餅〟のような幸運にはまったく期待していない。「他人が耐えられない苦労を耐え忍ぶことができる者だけが、他人の前に立つことができる」。そう固く信じている。1994年、北京で開催される中国国際情報通信展覧会(3)に初参加した時、ファーウェイは展示ブースにこんな標語を掲げていた。

「この世に救世主なんていない。神様も皇帝も頼りにしない。新たな生活の創造は、すべて自分次第なのだ」

これこそ、創業期から現在まで脈々と続くファーウェイの奮闘精神である。しかし、それはファーウェイだけに特異なものだろうか。2006年、任は社員たちに「眠らないシリコンバレー」というタイトルの報道記事を紹介した。それを読むと、米国がなぜ創造的な技術や製品を次々に生み出し、世界をリードし続けているのかが理解できる。

「シリコンバレーでは、『眠ったら負けだ』がベンチャー企業のプログラマー、エンジニア、プロジェクトマネジャー、経営者、投資家たちの信条である。彼らは快適なベッドで眠ったりせず、遠大な理想と何杯ものコーヒーを頼りに、煌々としたディスプレーの前に座り込んで翌朝の四時や五時、時には六時まで働き続ける」

「ハイテクパークの企業の駐車場は午前3時でも混雑している。夜は帰宅する人も、自宅のパソコンをオフィスのネットワークにつないでいる。これがシリコンバレーのライフスタイルなのだ」

興味深いことに、前述した「マットレス文化」もファーウェイの独創ではないようだ。例えば、ウェブサイトの閲覧ソフト（ブラウザー）で一世を風靡したネットスケープには、プログラマーが睡眠を取るためにマットレスを敷いた専用の部屋があったという。その後、同社はこの部屋を廃止してプログラマーたちに帰宅を促したが、強い不満の声が上がったそうだ。

ところで、ファーフェイには今や三万人を超える外国籍社員がいる。彼らはファーウェイの価値観を理解できるのだろうか。この疑問に、任は次のように答えている。

「ファーウェイの企業文化は外国人には理解できないとよく言われるが、私にはなぜ彼らが理解できないのかが理解できない。まず『顧客を中心に』は外国企業では普遍的な経営思想で、外国人が理解できないとは思えない。『奮闘者を根幹とし』も、言い方を変えれば理解しやすいだろう。要するに、より多く働いた者がより多くの賃金を手にするということだ」

任にとって、外国人がファーウェイの企業文化をすぐに理解できないのは問題ではない。理解できないのは伝え方に問題があるからで、それを反省してまた奮闘するだけだ。端から見れば徒労のように思えることも、彼に言わせれば当然やるべき努力なのである。

そんなファーウェイが歩む道は、ギリシャ神話の「シーシュポスの岩」の物語を想起させる。シーシュポスは、天空神ゼウスの怒りを買い、巨大な岩を山の頂まで運び上げる苦役をあたえられた。彼が山頂に近づくと、いつもあと少しというところで岩が転がり落ちてしまう。だが、不屈のシーシュポスは何度でも最初からやり直すのだ。

この物語は、古代ギリシャの哲人たちによる人類の運命についての啓示である。苦難のうえにしか栄光はなく、栄光の陰には必ず苦難がある。それは国家、民族、企業、家庭、個人のすべてに通じる真理だ。むろんファーウェイも例外ではない。

全社員が経営者

英国の名宰相ウィンストン・チャーチルは、かつて米国人の奮闘精神を讃えてこう語った。「米国は巨大なボイラーのようなものだ。ひとたび火がつけば限りない力を生み出すことができる」

米国の偉大さは、創造的な技術や製品だけでなく、イノベーションを支える新たな制度をも生み出したことである。米国企業は社員の意欲を引き出すための多様なインセンティブ制度を率先して考案し、絶えず発展させてきた。なかでも革命的だったのがストックオプション制度だ。それはシリコンバレーの奇跡を実現させた原動力の一つと言われている。

ストックオプションは別名「ゴールデン・ハンドカフス」(金の手錠)とも呼ばれる。優秀な社員を金銭の魅力で会社に〝縛り付ける〟という意味だ。ハイテクや金融など知識集約型の産業では、いまや世界中の企業で当たり前のように導入されている。

ファーウェイには、このストックオプション制度に似た社員持株制度がある。その歴史は長く、雛形は創業から三年後の1990年に導入された。2013年末時点では、15万人を超える社員のうち8万4000人以上が社員持株制度を利用し、社員持株会がファーウェイの全株式の98・6％を保有している。世界中の未上場企業でファーウェイほど株主数の多い会社は前代未聞だろう[4]。

任は米国企業に学んで社員持株制度を取り入れたわけではない。導入当時、中国ではストックオプションという言葉はまだほとんど知られていなかった。実態は戦略的インセンティブと言うより、やむにやまれぬものだった。

社員持株制度の誕生について、任は社内紙に寄せた一文でこう振り返っている。

「私は社員持株制度を通じた利益の共有により、社員を団結させようと考えた。当時、私はまだストックオプション制度を知らず、欧米企業に様々なインセンティブの仕組みがあることも知らなかった。ただ、私はそれまでの人生で味わった挫折の経験から、社員と責任を分担し、利益を分かち合うことの必要性を感じていた。制度を導入する時、私は1930年代に経済学を学んだことがある父親に相談した。すると彼も強く賛同してくれた。こうして無意識のうちに種をまいた花が、今ではこんなに鮮やかに咲き誇っている」

草創期のファーウェイは技術も経験も資金もないなか、欧米の大手企業や中国の国有企業と戦わなければならなかった。生き残るための唯一の活路は、社員全員が経営者となり、共に奮闘することだった。

任はこう続ける。

「私を奇特な人間だなんて思わないでほしい。もし私が不動産業を選んでいたら、社員持株制度はなかったかもしれない。私個人の人脈で土地を手当てし、個人のリスクで資金を借り入れるのに、なぜ全社員に株を分け与えなければならないのか。しかしファーウェイはハイテク企業である。優れた人材を数多く必要とし、理想を共有できる仲間と力を合わせなければならなかった。自社株の形で絶えず利益を分配することで、より多くの人材がファーウェイに加わり、共に奮闘することが初めて可能になったのだ」

「社員持株制度は『市場経済下における共産主義』ではない。ファーウェイは年功序列に反対し、社員が無為に過ごすことに反対し、保身に走る人に反対する。一時期だけ苦労したら、後はずっと楽に過ごせるような分配制度にも反対だ。ファーウェイは十数万人の優れた社員が生き生きと互いに競い合う組織でありたい。我々は奮闘を続ける社員が勝利の果実を分かち合い、怠惰な幹部が淘汰の圧力を感じることを望んでいる」

若々しいエネルギーを長期にわたって保ち続けることは、個人にとっても組織にとっても容易なことではない。ファーウェイはそれを20年余りも続け、さらに将来もそうあり続けたいと願っている。「顧客を中心に、奮闘者を根幹とし、苦しい奮闘を長期にわたって続ける」という企業理念は、仮に中身が伴わなければ空疎なスローガンに過ぎない。実践するための具体的な制度設計は非常に複雑であり、きちんと運用できなければ社員のインセンティブになるどころか逆に士気を下げてしまう。

古代中国の哲学者、老子[5]の言葉に「道生之、徳畜之、物形之、勢成之」がある。道が万物を生み出し、徳がそれらを養い、それらが形となって、それぞれの役割を発揮するという意味である。企業理念を体現するために教養を高め、制度を作り、実践を繰り返す。それを真剣にひたすらやり続けてきたことこそ、ファーウェイの強さであり凄みと言えるだろう。

ファーウェイが上場する日

「ファーウェイはなぜ株式を上場しないのですか」――。ある時、ニューヨークに出張した任は米国のトップクラスの経営者十数人が顔をそろえた昼食会に招かれ、出席者の一人にそう質問された。すると彼は次のように答えた。

「ハイテク企業の発展は人材次第です。会社が早く上場しすぎると、多数の社員が一夜にして億万長者になり、仕事に対する情熱が冷めてしまいます。これは会社にとってだけでなく、社員にとってもよくありません。若いうちに裕福になりすぎると人間は怠惰になり、それ以降の成長にも不利なのです」

社員たちを日々の奮闘に向かわせる原動力は金銭だけではない。ファーウェイには「経営幹部は使命感を、中間管理職は危機感を、一般社員は飢餓感を持つべし」という言葉がある。

ファーウェイの経営幹部の報酬は外資系のライバルと比較しても遜色なく、社員持株制度による配当収入も大きい。彼らが奮闘するのは金銭的利益のためではなく、仕事に対する情熱や使命感からだ。一方、末端の社員には「多くを働いた者が多くを得る」というハングリー精神に働きかけるのが最も現実的である。そして、中間管理職はただがむしゃらに働くだけでなく、チームをまとめて任務を完遂しなければならない。成果を上げられなかったり、私利私欲に走る者は容赦なく降格される。それを避けるためには危機感を持たねばならない。

では、ファーウェイの奮闘はいつまで続くのだろうか。任はこう語っている。

「技術革新に終わりはないのか。『ムーアの法則』[6]は永遠に正しいのか。私は、有線や無線の情報伝送能力が一定のレベルに達した時、情報通信技術のイノベーションはスローダウンすると考えている。その時に生き残れるのは、グローバル市場を網羅し、マネジメントに優れ、良質のサービスを低コストで提供できる企業だけだろう。ファーウェイは自分が消滅する前にそのような水準に到達しなければならない」

誰もが命がけで疾走し、最後まで破滅しなかった者が勝者になる。それがＩＴ業界のグローバル競争の残酷な現実である。どうすれば破滅を遅らせることができるのか。答えはひたすら奮闘するしかない。では、どうすれば勝者になるまで奮闘し続けられるのだろうか。

世界の資本市場を見回すと、上場前は活力に満ちていた企業が、上場後わずか数年で輝きを失う例は決して珍しくない。ストックオプションのおかげで一夜にして大金持ちになった人間は、進取の精神を忘れ、ライバルに付け入る隙を与える。もっと深刻なのは、上場益を手にした人材がライバルに引き抜かれ、会社を脅かす恐ろしい敵になることだ。奮闘の継続という観点からは、ストックオプションの制度的欠陥は明らかである。

「上場しないからこそ、世界を制覇できるかもしれない」――。任は非公式な場でそう語ったことがある。ファーウェイがグローバル企業として今日まで発展し、欧米のライバルに追いつき追い越すことができたのは、同業の上場企業のように資本市場の短期的変動に振り回されることなく、10年単位で将来の目標を立て行動してきたからなのだ。

いつか上場する日が来るとしたら、それはファーウェイがストックオプション制度の欠陥を解決し、社員たちが上場後も奮闘を続ける仕組みを確立できた時だろう。さらに法制上の問題もある。中国の会社法と証券法は、未上場企業の株主数は200人を超えてはならないと定めている。しかし、ファーウェイの社員持株制度は両法が施行される以前に導入され[7]、ずっとグレー扱いになっていた。法律の規定が変わらなければ、持ち株会を通じた間接保有とはいえ8万人以上の社員が株式を持つ状態で上場を申請することは不可能だ。いずれにしても、上場がまだまだ遠い将来であることは間違いない。

（1）世界有数のニッケル鉱山を擁する工業都市。人口10万人を超える都市では世界最北にある。

（2）1934年から1936年にかけて、中国共産党軍（紅軍）が国民党軍と戦いながら江西省瑞金から陝西省延安まで移動した約1万2500キロの行軍のこと。「理想に向けた長く苦しい努力」の比喩として使われる。

（3）毎年9月、北京で開催されるアジア最大の情報通信技術の展示会。中国情報工業化省と中国国際貿易促進委員会が主催者を務める。

（4）ファーウェイ株を直接保有するのは社員持株会であり、社員には「仮想株」と呼ばれる一種の受益権が配分されている。仮想株は業績に応じた配当が受けられるが、議決権はなく、自由な売買もできない。

（5）中国三大宗教（儒教、仏教、道教）のひとつである道教の始祖の一人。紀元前6世紀頃の人物とされるが、履歴については不明な点が多い。

（6）「半導体の集積密度は約2年で倍になる」という法則。米インテルの共同創業者のゴードン・ムーアが1965年に経験則として提唱した。

（7）中国の会社法（公司法）は1994年、証券法は1999年にそれぞれ施行された。

第7章 灰度哲学

この世に完璧な人間など存在しない。どんなに偉大な人物も、実際には善悪、美醜、真偽などにおける多面性を持っている。また、悪人呼ばわりされる人にも良い点がまったくないことはなく、必ず光る部分がある。重要なのはどんな物差しを使い、いかなる視点から評価するかだ。

2011年末の時点で、ファーウェイでは全社員（約13万8000人）に占める大卒以上の比率が8割に達し、博士過程の修了者も5000名を超えていた。社員の平均年齢は30歳未満。しかも外国籍の社員が三万人以上もいる。ファーウェイは若いインテリ層を中心とした多国籍チームであり、その社員構成は中国の大企業のなかでも異彩を放っている。ゆえに、人材の多様性の受容は必要不可欠かつ挑戦的な課題になっている。

ファーウェイの経営思想や企業文化、創業以来の変革の歴史などを掘り下げて研究すると、成功のカギは技術でもマーケティングでもなく、人間性に対する深い洞察を通じてそのコントロールを会得したことにあったと気付く。その意味で、任正非は人間性のマネジメントに係わる卓越したマエストロであると言えるだろう。

そもそも人間の個性は複雑かつ多様であり、大勢の人間で構成される組織は当然はるかに多くの変数を持つ。任は、これら一切の変数をひっくるめて「灰度」[1]という言葉で定義している。あらゆることに白黒をつけるのは不可能なのだから、いっそグレーさを認め、受け入れ、前向きに評価すべきだというのである。

完璧さを求めない

任は「灰度」について次のように語っている。

「仮に資格審査を通じて選出した幹部が、まるで聖人のような人物だったとしよう。そのような完璧な人間は、必ずしも我々が求めている人材ではない。なぜなら、我々が必要としているのは競争に勝てるチームであり、個々の社員の完璧さではないからだ」

「ファーウェイは科学的な評価システムを用いて、旧来の感覚に頼ったマネジメントを改善しなければならない。しかし感覚的なマネジメントにも優れた点がある。それは人間性を全否定しないこと。すなわち、一人ひとりの社員に完璧さを求めないことだ」

「我々はなぜ自分と同じ道を歩まない者が許せないのか。もっと己に自信を持たなければならない。私が言いたいのは、我々は心の中に『覇気』を持つべきであるということだ。この世を制覇したければ、様々な人間、様々な思想を受け入れなければならない。世の中に受け入れられているすべてのものを受け入れる人間だけが、本物の覇者になれるのだ」

科学者は白黒がはっきりした純粋なものを追求する。だが、企業家は極端な道を歩んではならない。ファーウェイの管理職が一日中、顕微鏡を覗き込むようにして部下の一人ひとりをチェックしているようでは、組織はたちまちばらばらになってしまうだろう。部下たちは人間性という名の万華鏡であり、それに向き合う管理者は、強靱な精神とともに寛容な懐を持っていなければならない。

経営における「灰度」のマネジメントという概念は、任が独自に生み出したものであり、初めて実践に移した。

企業家とは生まれながらの冒険家である。彼らは自分の直感と冷徹な計算を秤にかけ、危険な賭けを行う人々だ。任の言葉を借りれば、「進むべき方向は灰色の混沌の中から生まれる」。その方向は時間や空間の遷移とともに変化し、しばしば曖昧になる。決して白黒がはっきりしたものではないのである。

ファーウェイの経営に関して、任はしばしばこう嘆く。

「ビジネス環境の変化が大きすぎ、また速すぎる。今歩んでいる道が一体どこまで続いているのか、我々にはわからないし、答えを知っている者はどこにもいない。我々は神ではないのだから、情報化社会の将来がどうなるかを正確に予測することはできない。つまり、完璧なビジネスモデルを設計することなど不可能なのだ」

まさにそれゆえに、ファーウェイは「社内では団結を求め、社外との協力をはかることでのみ、将来の方向を模索することができる」のである。灰度哲学は、社内をまとめる求心力を持った思想であると同時に、社外のパートナーとの協業関係を構築する理論的指針にもなっている。

開放、妥協、灰度

2007年12月、任はかつて米クリントン政権で国務長官を務めたマデレーン・オルブライトの一行と香港で面会した。「今日お会いする前、私はあなたが書いた文章をいくつか拝読し、深い印象を受けました。(国や文化が違っても)人間の感情には相通じるものがありますね」。オルブライトはそう親しみを込めて任に語りかけた。

この面会の場でファーウェイの成功の秘訣を問われた時、任は初めて「開放、妥協、灰度」という三つのポイントを列挙し、それらこそが急成長の原動力であると説明した。

開放とは、すなわち徹底したオープン路線のことである。

「我々は米国を含めて他者の経験を常に学びとるよう努力しています。社内外に対してオープンな姿勢を強調し、それを実践しています。そうすることで新しい目標が生まれ、緊張感が維持されるのです。仮にファーウェイが閉鎖的な企業だったら、とっくに潰れていたでしょう」

以来、任はことあるごとに「開放、妥協、灰度」について語るようになった。2009年1月、グローバル市場戦略を討議する社内イベントで演台に立った任は、冒頭で次のように述べた。

「ファーウェイの価値観のなかで特に重要なのは、オープンな姿勢と進取の精神だ。進むべき方向を正しく把握し、前進のペースをしっかりコントロールすることは、テクニックや方法論ではなくリーダーの資質の問題である。そこで大切なのは、リーダーが妥協と寛容を身につけることだ」

妥協と灰度の相関関係について、任はこう説明している。

「合理的な灰度（グレーゾーン）の許容は、ファーウェイの発展に影響を与える様々な要素を調和させる。この調和の過程が『妥協』であり、調和の結果を『灰度』と呼ぶ」

「中国では歴史上数多くのリーダーが変革に挑戦したが、その多くが理想に届かなかった。私が思うに、彼らの変革はあまりに急進的だったり、教条的すぎたのだろう。仮に彼らが短期間での全面的な変革を求めず、比較的長いスパンで実践していたら、結果は違っていたかもしれない」

「実はこれこそが灰度の欠如なのだ。変革の方向はゆるぎないものでなければならないが、それは決して一本の直線ではない。絶えず左右に揺れ動く曲線かもしれないのだ。しかし一歩引いて大局的に見れば、その方向はしっかりと前方を指し示している」

２０１０年の初め、筆者は任との雑談中に自分の見方を問うてみたことがある。「ファーウェイの経営思想の核心は灰度哲学ではないか」というものだ。灰度哲学は人間の複雑さを深く理解したものであり、万物の豊富さや絶えざる変化を包容する概念であると筆者は感じている。

経営とは、突き詰めて言えばいかにして人を惹きつけ、寄せ集め、彼らの潜在能力を発揮させるかである。言葉を換えれば、いかにして人間の邪悪さや怠惰さを抑え込み、欠点や過ちを包み込み、多彩な個性を同じベクトルに向かせるかであるとも言える。

「奮闘者を根幹とする」というファーウェイの価値観は、人間性を認めるという前提の上に立つものであり、社員の個性を否定したり、会社への「滅私奉公」を求めたりするものではない。同様にファーウェイの「オープン路線」も、世の中の多様性や曖昧さへの深い洞察から生まれたものだ。グローバル化、情報化という茫漠として捉えがたい時代の潮流のなかで、自分の殻に閉じこもることは自滅への道にほかならない。さらに、人間もビジネスも変幻自在の万華鏡のようなものである。その混沌と変化のなかから勝利を手にしたいのであれば、他者との「妥協」がなければ成り立たない。

カギを握るのは、ファーウェイの経営幹部たちが灰度哲学をいかに理解し、実践しているかである。「マネジメントは科学である」という言い回しは必ずしも適切ではない。「マネジメントとは芸術である」、あるいは「リーダーシップとは芸術である」と表現する方が、実態をより全面的に言い表せているのではないだろうか。

筆者のそのような観点に、任は同意してくれた。実は彼自身も、「マネジメントに灰色の要素を残すことはファーウェイの生命の樹なのだ」[2]と語っている。

中国には「水が澄みすぎると魚がいなくなる」[3]という古いことわざがある。任はこの言葉に深い共感を覚えている。何もかもが透明で厳格な環境は息苦しく住みづらい。それは人間の組織も同じであり、清濁併せ持ってこそ「河流」なのだと。

だからこそ、組織のリーダーは深い懐と強い精神を持たねばならない。その役割は制度という名の「堤防」を築くことだ。優れた堤防は頑丈で十分な高さがなければならない。また、河の流れは一定の幅と勾配を持たせることでスムーズに流れ、かつ溢れることもないのである。さらに、大雨が降った時に洪水を緩和するための水門も必要だ。組織内にある異なる意見を吐き出す場を作ることで、不満の蓄積による大災害を未然に防ぐのである。

醜 悪を拒めば拡大する

仮にある社員の意見が間違っていたり、悪意があったり、過激であったとしても、それを自由に述べられるようにする。リーダーはそのような「醜いもの」や「汚れたもの」を受け入れなければならない。なぜなら、醜いものや汚れたものから目を逸らせば、それらは欲しいままに際限なく流れ、四方八方に広がってしまうからだ。任の言葉を借りれば、「何かを拒めば、それは拡大する」のである。

ある時期、ネット上にファーウェイやその経営幹部を中傷する情報が大量に流れた。見る人が見れば、それはファーウェイの社員が流したものであることが明らかだった。個人的な恨みや中傷、デマ、暴露——。こうしたものに対し、会社はどのように対処すべきだろうか。ファーウェイの経営幹部は侃侃諤諤の議論を交わした。そして、最終的には「開放、妥協、灰度」を堅持するという結論に至ったのだった。

「人間に口があるのは話をするためである。人が多ければうるさくなり、雑音も多くなるのは当然だ。それを塞いだりチェックしたりしても問題の解決にはならず、逆に誤解を助長しかねない」

こうして2008年、ファーウェイは社員専用の交流サイト「心声社区」を立ち上げた。社員たちは会社の制度や方針、決定などに対する考えを自由に書き込むことができるほか、社員同士の意見交換もできる。

その後、心声社区は経営幹部が現場の社員の声に耳を傾けるとともに、上層部の考え方を直接現場に説明するための重要なプラットフォームとなった。2012年初めには、心声社区に書き込まれた社員の意見をテーマごとにまとめた冊子を作り、管理職の反省、学習のための教材として配布した。任は心声社区の効用についてこう語っている。

「サイトの立ち上げを決断した時は、リスクを伴う冒険だと思っていた。だが、今振り返るとこの決断は正解だった。人の思想は束縛できないし、自由に意見を述べさせたところで天は崩れ落ちたりしない。それに、人間には必ず良い所があり、それが100人集まれば賢人にも匹敵する。つまり『天を補う』効果もあるのだ。リーダーはそれを信じなければならない」

異論を認め蓄えに変える

凡庸な管理職は、情報そのものや情報を解釈する権利を独占しようとしがちだ。しかし、本当に重要なのは何事に対しても包容力を持つこと、すなわち寛容の精神である。

任は寛容について多くの考えを語っている。

「マネジャーにとって寛容こそが成功への道である。なぜなら、管理職の仕事は人間との付き合いなしには成り立たないからだ。例えば科学者なら、一人で研究室に籠もって実験器具と付き合うだけで成果を上げられるかもしれない。工場のオペレーターも、機械と付き合うだけで支障なく製品を作れるだろう。しかしマネジャーは例外なく他人と付き合わなければならない。そして他人と付き合うことになった途端、寛容の大切さがすぐに表出する」

「一人ひとりの人間には必ず違いがある。寛容さの本質は、人と人との違いを許容することである。異なる性格や特徴を持つ人々が同じ組織に集まり、共通の目標やビジョンなどの旗印を掲げる時、最も頼りになるのはリーダーの寛容さなのだ」

「他人に寛容になることは、自分自身に寛容になることでもある。それは自分自身の生命のなかにも余裕を増やしてくれる」

「寛容とは軟弱ではなく強さである。寛容による譲歩には明確な目的や計画があり、主導権は自分の手中にあるのだ。逆に言えば、消極的な受け身の譲歩は寛容とは呼べない」

「勇敢な人間だけが、どうすれば寛容になれるかを理解している。臆病者は決して寛容にはなれない。なぜなら、寛容は臆病者の本性ではないからだ。寛容とは高い人徳の表れなのである」

「リーダーは寛容であってこそ、多くの人を団結させて共に進むべき方向を模索することができる。妥協してこそ方向を揺るぎなきものにし、前進への抵抗を減らすことができる。そうしなければ、目的を正しく達成することなどできない」

ファーウェイの組織には「藍軍参謀部」と呼ぶユニークな仕組みがある。藍軍（青組）とは、会社の現役幹部を紅軍（紅組）に見立てた〝仮想敵〟のことで、その任務は紅軍に対してわざと反対意見を唱えることだ。紅軍の方針や戦略をあらゆる角度から真剣に分析し、あえて逆の思考をして弱点や問題点を浮き彫りにする。時には意図的に過激なことを言って警鐘を鳴らすこともある。

その目的は、社内の各レベルで紅軍と藍軍が常に対峙し、互いに切磋琢磨することを通じて自己批判の能力を身につけ、会社を正しい方向に向かわせることである。藍軍で能力を発揮した社員を紅軍に抜擢する制度もある。現役幹部の急所を突いて打ちのめすくらいの気概がないと、昇進もそこまでというわけだ。

「我々一人ひとりの思考のなかにも紅軍と藍軍のせめぎ合いがある。人生はいつも紅軍と藍軍の葛藤ではないだろうか」。任はそう語っている。

「藍軍はどんな時間や空間、どんな分野やプロセスにもあまねく存在する。社内の至る所にもだ。会社の決定に異を唱える者がいても、私は彼らを喜んで受け入れよう。異論を持つ人々を含めて、団結できるすべての仲間を団結させ、共に前進しなければならない。仲間を分断しようとしたり、人の道を外れた行いをしたりしない限り、どんな反対意見も許容すべきだ」

「様々な思考やスタイルを束縛なく発展させ、自由に議論することを通じて、人間の知恵や才能を真に発揮させることができる。異質な意見を包容することは、企業にとって戦略的蓄えを持つことでもあるのだ」

包容力が人材を育てる

2011年10月5日、アップル創業者のスティーブ・ジョブズがこの世を去った。この日は国慶節（中国の建国記念日）の連休中であり、任は家族や同僚とともに雲南省の麗江[4]で休暇を過ごしていた。任の娘はジョブズの信奉者で、彼の訃報を聞くと哀悼の意を表したいと父親に提案した。そしてホテルのテラスに家族と同僚が集まり、一分間の黙祷を捧げたのである。

その十数日後、任正非は顧客との商談中にこう漏らした。
「中国にはジョブズを生み出す文化的土壌がない。我々の社会には寛容があまりにも足りないのだ。大勢の中国人がジョブズの死を悼んでいるのに、自分たちの同胞に対してはなぜもっと寛容になれないのか。包容力がなければイノベーションは起こせず、偉大なビジネスマンを生み出すこともできないというのに」——

任はそれ以上語らなかったが、ミスや失敗を許さない文化は往々にして人々の創造力を奪い、卓越した人材を窒息させるおそれがあると言いたかったのではないだろうか。ジョブズは天才であると同時に異端児だった。独善的で他人を平然と傷つけることもあった。しかし、米国の文化はジョブズに最大限の寛容を見せたのである。

それに比べて我々はどうだろう。人間は神様ではないのだから、過ちを犯さない者などいない。しかし現代の中国では、まるで「水に落ちた犬を打つ」が如く、過ちを犯した人や企業を厳しく批判し、欠点をあげつらい、二度と立ち上がれないほど追い込む風潮が蔓延していないだろうか。中国では多くの企業が急成長を見せる半面、衰退するのも早い。その要因の一つは経営者や管理職の視野が狭く、他人のミスや欠点を容認できないことなのだ。

ファーウェイの経営陣は、灰度哲学の実践を通じて「泥沼から這い上がってきた人材こそ本物だ」と確信している。ミスを犯した管理職に対する接し方について、ある幹部は次のように心構えを説く。

「我々は『過ちの教訓を汲み取り、病を治して人を救う』[5]という格言を肝に銘じ、真剣に実践しなければならない。ミスを犯したマネジャーを叱りつけるだけではダメで、彼が心を入れ替えて生まれ変わるチャンスを与えなければならないのだ。もちろん無限に寛容であるわけにはいかないが、白黒をはっきりさせ過ぎてはならない。そのために、各クラスの管理職には灰度についてより掘り下げて学んでもらいたい」

灰度哲学に基づいて寛容さを体得する。寛容であれば天も地も広がるのである。これこそがファーウェイの企業文化の目標であり、成功の道なのだ。

「放任主義の社長」

2011年末、任は経営幹部会議で「春の川の水が東へと向かう」と題した講話を行った。その内容はファーウェイのイントラネットに掲載され、さらに中国の大手ニュースサイトにも転載されて大きな反響を呼んだ。「これがあの強気な任正非なのか」、「本当に任の言葉なのか」と。

それは、年少期からファーウェイの創業を経て今日に至るまでの胸の内を率直に打ち明けたものだった。文中には傲慢と自信、臆病と孤独が複雑に混じり合った任の人物像がにじみ出ている。

「幼い頃、母親は私にギリシャ神話のヘラクレスの物語を読んでくれた。私は彼を大いに崇拝した。少年期から青年期にかけては水滸伝や三国演義に夢中になり、キラ星の如き英雄たちに憧れた。こうして『生きては人傑となり、死しては鬼雄となるべし』[6]が私の人生の目標になった」

だが、このような英雄志向が強すぎたがゆえに、任はまさに山あり谷ありの人生を歩むことになった。小学校からは高校までは同級生たちになじめず、いつも孤独だった。大学時代は共産主義青年団[7]になかなか入団できず、共産党への入党も長い間叶わなかった。「どこへ行っても逆境に置かれていた」――。40歳を過ぎるまで、それが任のありのままの姿だったのである。

そんな任が、軍隊からの退役を機にファーウェイを立ち上げた。企業経営の経験がない彼は、まるで任侠小説の英雄のように仲間たちと兄弟の契りを交わし、利益が出れば平等に山分けし、武功を立てた者には「位」を用意したりした。草創期のファーウェイはそんな「梁山泊」のような組織だった。

「当時、私は『放任主義の社長』と呼ばれていた。各部門の『遊撃隊長』たちに現場の指揮を任せていたからだ。本当を言えば、私は放任主義だったのではなく、彼らを指導することができなかったのだ。最初の10年ほどは、経営会議のようなものはほとんど開いたことがなかった。いつも各地を飛び回り、彼らの報告を聞き、彼らが『こうしたい』と言えばそれに従った」

「会社の進んでいる方向などまったく見えず、まるでガラスケースのなかを飛び回るハエのように、あちらこちらにぶつかっていた。私は財務にうとく、お金をどのようにマネジメントすべきなのかもさっぱりわからなかった。もしかすると私が無能で愚かだったからこそ、各部門に権限を委ねるしか仕方がなく、遊撃隊長たちが存分に能力を発揮し、ファーウェイを成功に導いたのかもしれない」

皇帝志向との決別

ある学者の研究によれば、中国の社会組織が成長する初期段階では、素朴な平等文化や原始的な民主形態が一般的に見られるという。例えば「太平天国の乱」[8]が典型だろう。ところが組織が大きくなり、所期の目標が成就すると、次第に専制的な色彩が濃くなり始める。トップが大事から小事に至るまで権力を独占し、組織は上から下までただ従うばかりになり、異なる意見はすべて握りつぶされてしまう。そのような状況は企業に限らず、中国の様々な組織のなかで今も普遍的に見られる。

中国人には根強い「皇帝志向」がある。悲劇的なのは、経営トップが「皇帝」を自任するようになった瞬間から企業のマネジメントの硬直化が始まり、グレーゾーンを許さない組織に変容していくことだ。しかも、白か黒かの判断は客観的なグレーの濃度ではなく、トップの気まぐれや好みに基づくものになってしまう。「皇帝のツルの一声」によって一つの企業が統治される時、その組織は劣化しはじめ、崩壊へのカウントダウンが始まる。

では、任は皇帝志向を持っていないのだろうか。中国で生まれ育ち、その民族文化に何十年も親しんできたのだから、やはり影響は避けられないはずだ。だが、彼はファーウェイ創業の経験と実践のなかから灰度哲学を生み出した。成功するリーダーになるには「皇帝としてのしがらみ」を捨てなければならない。そうしない限り、優秀な人材を集め、多様な思想を取り入れ、より多くの同志や協力者を得ることはできないと気付いたのである。

ファーウェイの企業文化について、任は「馬でもなければロバでもない。中国的でもあるが欧米的でもある」と語っている。また、「理想主義の旗を掲げ、実用主義を要とし、拿来主義を原則とする」とも言う。欧米企業から見れば、ファーウェイは「東洋的思考に基づき、欧米のルールに則ってゲームをプレー」している企業だろう。一方、中国企業の多くは「ファーウェイがプレーしているのは将棋か、囲碁か、麻雀か、それともトランプなのか」と戸惑いを感じている。要するに、ファーウェイの企業文化は既存の価値観では体系化できない、多面的かつグレーなものなのだ。

中国のある学者は、ファーウェイの経営について「毛沢東思想に基づいている」と分析した。だが、これは大きな誤解と言わざるを得ない。

毛は類い希なるリーダーシップを有した指導者であり、任がその影響を受けたのは間違いない。それは文革期に青年時代を過ごした任の同世代に共通する特徴でもある。毛は「正しい政治の方向性を揺るぎなく定め、苦労しても質素な仕事ぶりに徹し、柔軟で機動的な戦略・戦術を旨とせよ[9]」という名言を遺した。そのエッセンスは、ファーウェイの「奮闘者を根幹とし、苦しい奮闘を長期にわたって続ける」という価値観に相通じる面がある。また、任自身も共産党の理論や実践から多くを学んだと公言している。

だが、任の灰度哲学は白と黒を排他的な存在と見なさず、「多様なものが混じり合って一つになる」ことを尊ぶ。であるがゆえに、任はオープンな姿勢と妥協を強調し、建設性や協調精神を重視するのである。それが毛の「闘争理論」と本質的に異なるのは明らかだろう。

戦略と人間には灰度を

任は企業戦略における灰度の重要性を繰り返し説いている。

「我々が灰度や妥協について語るのは、まさに弁証法の論理に導かれた結果なのだ。灰度という観念を持ち、既成概念に執着しないことで、初めて視野が広がり、未来の方向がはっきりと見えるのだ。灰度や妥協は軟弱なものではなく、反対に強固なものである」

「戦略とは10年、あるいはもっと先を見越して計画すべきものであり、白黒をはっきりさせ過ぎてはならない。戦略遂行の過程では様々な変化が生じたり、振り出しに戻ったりすることもあり得る。つまり、大きな枠組みのなかで絶えず調整を行うのは正常であり、また必要なことである」

「とはいえ大局的な方向を誤ってはならない。戦略の枠組みは巨視的に、理論的に、そして灰度の観念を持って組み立てるべきだ。そうすれば不条理な間違いは起きないだろう」

「世の中に完璧な戦略など存在しない。何もかも取り入れようとせず、最も肝心な点を押さえていればそれで成功なのだ。同様に、完璧な人間も存在しない。だからこそ、我々は灰度の観念を持ち続けなければならない」

任はファーウェイの幹部たちがもっと見聞を広め、豊富で多様な情報を吸収し、物事を様々な角度から長期的な視点で見ることができる思考を養って欲しいと願っている。言い換えれば、「ただ目の前や足下ばかり見ていてはいけない」ということだ。

「我々は経験主義に反対すると同時に、教条主義にも反対すべきだ。時代遅れで非合理な経験に頼るばかりでは、未来への道筋は見えてこない。一方、形而上学も悪くはなく、教条的で揺るぎないものが必要なこともある。だが、現実と乖離した教条主義は人間を苦しめてしまう。それ一辺倒ではやはり失敗するだろう」

ファーウェイは古いものを今日のために利用し、外国のものを中国のために利用する。人類の歴史が生み出したあらゆる成果について広く学び、吸収し、応用することを目指している。そして、それらのなかで灰度を用いるべきものはどれか、白黒はっきりさせるべきものは何か、20年以上の経験値を頼りに巧みに使い分けている。

戦略や人間に対しては灰度を用い、タイミングを見て適度な調整を行い、時にはやり直しも認める。しかし「顧客を中心に、奮闘者を根幹とし、苦しい奮闘を長期にわたって続ける」という核心的価値観は絶対に曲げてはならない。これはすべてファーウェイ社員にとって最上位の形而上学であり、全員の血液の中にまで浸透させなければならないのだ。

（1）もともとはモノクロ画像の濃淡の度合いを表す技術用語。本書では「グレーさ」、「幅を持った考え方」に近い意味で使われている。

（2）旧約聖書の創世記に登場する、楽園の中央に植えられた木。生命力の源泉のシンボルであり、その実を食べると永遠の命を得るとされる。

（3）原文は「水至清則無魚」。前漢の文人、東方朔の言葉で、1世紀に編纂された歴史書「漢書」に収録されている。

（4）雲南省北西部にある観光都市。独自の文化や文字を持つ少数民族、ナシ族の旧王都で、瓦屋根が連なる美しい町並みで知られる。1997年に世界遺産に登録された。

（5）原文は「懲前毖后，治病救人」。1942年に毛沢東が共産党根拠地の延安で出した方針。内紛の後の粛清を戒め、党内の団結を呼びかけた。

（6）原文は「生當作人傑，死亦為鬼雄」。人間は生前は抜きん出た人物になるべきであり、死後は殉国の英雄と讃えられるようになるべきである、という意味。宋代の女流詩人、李清照の五言絶句「夏日絶句」の一節。

（7）中国共産党の指導の下、若手エリートの抜擢や育成を行う青年組織。学生が入団するには教師や同級生などの推薦が必要になる。

（8）清朝末期の1850年から1864年にかけて、洪秀全を創始者とする拝上帝会が起こした大規模な反乱。「太平天国」を国号に定め、南京を「天京」と改称して王朝を立てた。当初は厳しい規律と強い結束を誇ったが、後には内紛や離反が相次ぎ、清朝の討伐により鎮圧された。

（9）原文は「堅定正確的政治方向，艱苦朴素的工作作風，霊活機動的戦略戦術」。1937年に毛沢東が提唱し、人民解放軍の教育方針となった。

第8章

保守的な「革新」

繰り返し述べてきたように、1998年はファーウェイの歴史における分水嶺だった。IBMのコンサルティング部門からIPD（統合製品開発）とISC（統合サプライチェーン）のシステムを導入したのを筆頭に、ヘイグループ、プライスウォーターハウスクーパース（PwC)、アクセンチュア、フラウンホーファー研究機構など欧米の著名なコンサルティング・ファームと次々に契約。人事労務、財務、マーケティング、品質管理など多方面にわたり、顧客ニーズを中心とした業務プロセスの刷新に着手した。

それは地殻変動のような変革だった。当時、任正非はこう語っている。

「実のところ、これは革命に近い。権力を持っていた人が権力を失い、あるいは権力を縮小され、制約を受けていなかった権力が制約される。慎重にやらなければ、変革の主導者は組織を追われかねない。このような変革はあまりにも多くの人々の権益に影響するからだ。ファーウェイが業務プロセス変革を実践するにあたっても、相応の代償を支払わなければならなかった」

しかも、ファーウェイはこの変革を14年間続けた。変革に抵抗したり、やり方が肌に合わずに会社を去った幹部は100名を超える。なかには非常に有能で、会社の業績に大きく貢献していた者もいた。それでも、業務プロセス管理の徹底という方針が揺らぐことはなかった。任を含む経営陣は、「一匹狼的な英雄」は組織の中~上級レベルの管理職にもはや要らないと割り切っていた。

変革の最大の敵は人間

ゼロから創業した企業が、突出した能力を持つ英雄の活躍で大きく飛躍するケースは珍しくない。世間にはそのような成功譚があふれている。だが、企業が一定の段階まで成長すると、英雄の存在はかえって変革の障害になりがちだ。彼らの欲望や野心は組織を分裂させ、時には犠牲者を生み出す。ファーウェイが英雄主義を否定したのは、変革に筋道をつけるためだった。

変革とは、有り体に言えば権力の剥奪と再分配である。ゆえに、変革の最大の敵が人間、なかでもリーダーや管理職であることは問違いない。人間が変革に妥協するのではなく、人間が変革に心服するようにできれば、その変革は成功したも同然と言えるだろう。だが現実には、企業がある段階まで成長すると、リーダーや管理者が個人の権力を固めたり、隙あらば拡げたりしようと画策し、「変革」の名を借りて互いに足を引っ張り合うことが珍しくない。こうして組織は瓦解への坂道を転がり落ち始めるのである。

真の変革を実践するには、組織構造と業務プロセスの最適化を通じて惰性や不正が入り込む余地をなくし、社員の潜在能力を活性化させるという目標を明確に掲げなければならない。任は変革の意義についてこう語っている。

「ファーウェイでは、肩書きが高ければ高いほど直属の部下は少なくなり、権力も限られる。輪番CEO[1]クラスになると、通常は一人の助手だけか、秘書がもう一人つく程度で、その他の社員に対する直接の指揮権はない。私や会長は名ばかりのリーダーで、会社の戦略に関する決定権は持ってない」

「私（総裁）と会長は否決権と弾劾権を持っているが、日常的に行使するものではなく、年に2〜3回もあれば多い方だ。伝家の宝刀は滅多に抜かないからこそ威力がある。多用しすぎると効果を失ってしまうのだ。一方、研究開発の現場を束ねる管理職は一人で数千人を率いている。彼らの権力は大きいが、ファーウェイはそれを適切に制御するシステムを作り上げた」

「ファーウェイの業務プロセス変革は、個人の権威を消滅させるためのプロセスだった。組織が一人や数人のリーダーの影響力に頼らなくなった時、我々は成熟したと言えるだろう」

中国では「小鳥の飼育」が文化人の趣味として長い歴史を持っている。小鳥たちは狭いカゴの中に閉じ込められ、自由に飛び回れる空間は極めて狭く、その生存は完全に飼い主頼りである。飼い主たちは自慢の小鳥の優雅な鳴き声を競い合うが、穿った見方をすると、小鳥たちは餌と水を与えられることのみを期待して、飼い主のために甘言ばかり口にしているようではないだろうか。経営者はそこからどんな哲学的ヒントを得るだろうか。

鳥カゴを企業の制度にたとえると、それは社員に対する自由や想像力の制限を象徴していると言えるだろう。中国ではその文化的背景から、制度とは権力者が作り、人々を制限するためのものであるという考えが根強い。企業では、管理する側もされる側も往々にして「制度イコール制限」だと思い込んでいる。そこから生じる弊害のひとつが、厳格な制度を作ると業務を制約してしまい、事業の目標達成が危うくなるという誤解である。

だが任は、しっかり体系化された制度の全面導入がファーウェイの長期的な成功のために不可欠であることを見抜いていた。

「ファーウェイの最低限の目標は『生き延びる』ことであり、欧米のライバルに徐々に追いつかなければならなかった。だからこそ、我々は『米国の靴』を履く必要があったのだ」

「米国の靴」の履き方

任の言う「米国の靴」とは、欧米のコンサルティング・ファームから導入した現代的な経営管理システムのことである。グローバル市場に進出し、勝ち残るためには、経営制度の面では「全面的な西洋化」を、経営哲学の面では「東洋流と西洋流の融合」を実践する必要がある。それを継続すれば、必ずや不敗の境地に辿り着けると考えていた。

ファーウェイが1998年に着手した業務プロセス変革は、社内的には草創期の「海賊文化」のリセットであり、既得権者の抵抗やサボタージュに遭うのは当然だった。より大きな視点で見れば、これは中国文化と西洋文化の衝突であり、異なる民族の発想や習慣、感情などのすり合わせが不可欠だったのである。

そんななか、任は「自分の足を削って履物に合わせよ」という厳しい号令を発した。当時、IPD推進の社員集会でこう語っている。

「我々は、中途半端な理解で新しさばかり求める者には断固反対する。また、進取の精神がない怠け者は排除する必要がある。経営陣は社員の皆さんに『米国の靴』を履かせ、コンサルタントに『米国の靴』とはどういうものかを教えてもらう。その時、今までと履き心地が違うからと言って、勝手に靴を変形させてもよいものだろうか」

「革新を行う際には、まず基礎をしっかり理解しなければならない。そのためには非常に厳密な学習が必要だ。基礎を十分理解せずに何かを主張しても、それは目立ちたがり屋でしかない。そのような人物は、私はファーウェイからご退出願いたいと考えている。また、時間をかけて学習しても革新の本質を理解できない人物にも退いてもらいたい。ファーウェイは終身雇用制ではないのだから」

「全員が頑張っているとしても、進歩が見られない人物には出て行っていただく。そして、向上心のある新たな人材を加えて競ってもらう。他人に学ぶ以上は真剣に学ばなければならない。上っ面をなでただけでわかった気になってはダメだ。他人の内実まで深く全面的に理解する必要がある」

「現在のファーウェイはひとつのことさえ十分学んでいないのだから、新しいことなど論外だ。我々はこれまで、思いつきで新たな手法、新たな発想を試しては失敗を繰り返してきた。だからこそ、私はしっかりと『米国の靴』を履く必要があると考える。彼らに謙虚に学ぶことで、初めて彼らに追いつくことができるのだ」

業務プロセス革新を指導したコンサルタントの費用は一時間当たり300～600ドルもかかった。それを14年間も続けたファーウェイは、中国のビジネス史上最も多額の〝授業料〟を支払った企業かもしれない。

1997年、ファーウェイの依頼で当時のマネジメントの状況を診断したIBMは、次のようにコメントした。「正確かつ先を見た顧客ニーズを把握しておらず、無駄な作業を繰り返し、リソースを浪費し、コスト高を招いている」。「業務プロセスの部門を超えた連携が体系化されていない。部門間の連携は人的つながりに頼っており、業務プロセスは分断され、各部門が部分最適化に走り、無駄な消耗が生じている」。「プロジェクトの実施が場当たり的で、効果が薄い。社員の専門技能が不足しており、少数の英雄的存在に依存しているが、成功の再現は難しい」

報告を聞いた任の脳裏に浮かんだのは、大雪崩のような崩壊の情景だった。当時、彼は強いプレッシャーに苛まれた。しかし時折小さなさざ波は立ったものの、ファーウェイの業務プロセス革新は粛々と進んだ。17年後の今、ファーウェイは崩壊していないばかりか、欧米のライバルを恐れさせる強者に成長した。その舞台裏で、業務プロセス革新が重要な役割を果たしたことは間違いない。

ビジネス界の現実は冷酷だ。毎年無数の企業が誕生するが、その多くが十分な獲物を得られず一～二年で〝餓死〟してしまう。必死の努力と幸運によって商売が繁盛しても、会社がある規模まで成長すると、草創期の「何でもあり」の海賊文化、功臣文化、派閥文化がさらなる発展の足かせになる。

この段階に至ると、経営者は社内手続きの制度化を通じて組織の混乱を抑えようとする。いわゆるコーポレートガバナンス（企業統治）の強化だ。経営者の自覚により能動的に行う場合も、必要に迫られて受動的に行う場合もあるが、いずれにせよあらゆる企業が通る道である。

一部の経営者は、草創期の〝悪しき伝統〟を断ち切るため、一夜にして会社の面目を一新するかのような大胆な変革を行おうとする。これはワンマン型の経営者が多い中国の民営企業によく見られる傾向だ。しかし、そのような急進的かつ全面的な変革は、社員にとっては青天の霹靂であり、抵抗も大きい。変革を主導するリーダーには並々ならぬ決意と高い見識、リスクと向き合う勇気、苦痛に耐える忍耐力などが求められるのだ。

そもそも、制度の構築は一朝一夕にできるものではないし、完全無欠の制度設計など存在しない。よりよい制度とは、長期的な実践のなかで絶えず修正、改善を繰り返して形成されていくものだ。そこで任は、業務プロセス変革の実践にあたって「七つの反対」を提唱した。具体的には「完璧主義」、「難解な哲学」、「盲目的革新」、「局部的な最適化」、「大局観のない幹部が主導する変革」、「実践経験のない社員の変革への参画」、「十分な検討を経ない実践」に反対するというものである。

小さな革新を積み重ねる

2009年に開かれたある座談会で、任は次のように語った。

「ファーウェイは創業以来20年以上にわたって変革を続けてきたが、短期に大きな変動を伴うような変革は避けてきた。これまでの変革はいずれもゆっくりした変化であり、社員の皆さんは変革であるとは感じなかったかもしれない。だが、変革とは小さな変革の積み重ねであり、決して一気に変動させてはならないのだ。そうしなければ企業は崩壊し、多くの人が犠牲になってしまう」

中国の数千年の歴史は革命と暴力の繰り返しだった。革命とは政権交代と破壊を意味する。「城の上の王旗を変え」、古いものを全て打ち壊す。それは計り知れない代償を伴う。中国では戦乱や動乱の時代の方が平和と安定の時代よりも長く、人々を苦しめ続けてきた。

中華民族には膨大な文化や伝統の蓄積があるが、優れた「制度」が継承されることは少なかった。王朝が代わるたびに為政者は前時代を否定し、新たな制度を作ってきた。これは中華民族の思想的慣習とも言え、中国企業の文化にも色濃く投影されている。

「変革は企業の発展に欠かせない武器だが、くれぐれも慎重に用いなければならない」。そう任は強調する。彼が繰り返し口にすることわざのひとつに「蕭規曹随[2]」がある。漢朝の宰相だった蕭何と、その後任となった曹参の故事にまつわるものだ。

「蕭何が制定した法律や治国の方針を、曹参は全否定することなく継承した。ファーウェイにはいつも変革ばかり考えている幹部は要らない。曹参のような幹部こそ必要なのだ」

「どんな変革も必ずコストを支払わなければならない。総合的なコストが貢献を上回る変革は有害である。また、我々はこれまで小さな変革の経験を数多く積み重ねてきたのだから、場当たり的な革新は過去に投入したリソースの浪費になる」

メディアはファーウェイに一貫して「革新」のレッテルを貼り続けてきたが、創業トップの任が「ファーウェイの魂は革新である」と語ったことは一度たりともない。むしろ、彼は革新の反対語である「保守」を擁護している。

「保守の何がいけないと言うのか。『保』とは保つことであり、『守』とは守ることだが、そこに悪い意味があるのだろうか。革新の名を借りてあらゆるものを破壊することが進歩なのか。そんなことはないはずだ」

メディアはしばしば、企業や政府機関などで大胆な改革を断行した人物を先進的で模範的なリーダーとして持ち上げる。しかしファーウェイでは「大胆な提案は奨励しない」が原則になっている。大企業の組織は精密機械のように複雑かつ繊細だ。マネジメントにおいてある分野を突出させたり、大きく変えたりすると、組織全体のバランスが崩れて混乱を引き起こしてしまう。むしろ小さな変化を継続して積み重ねる保守的な変革の方が、システム全体の最適化にとってより建設的かつ持続可能なのである。

（1）ファーウェイは2011年、経営陣がCEO（最高経営責任者）を半年毎に交代で務める輪番制を導入した。2014年時点では3人の副会長（郭平、胡厚崑、徐直軍）が輪番CEOに指名されている。
（2）蕭何は紀元前3世紀の政治家。漢朝の高祖、劉邦の重臣として漢の初代宰相を務めた。曹参は蕭何の幼馴染みで、漢の将軍として活躍した。蕭は死の前に曹を後任の宰相に指名。曹は蕭が制定した法令は完璧だとし、あえて一切変えなかった。

第9章 自己批判

「ファーウェイが成功した秘訣のひとつは、『熱力学第二法則』と『散逸構造論』をうまく応用したことだ。絶えず熱を加え続け、絶えず散逸し続ける。そうしなければ、競争力を20年以上も保ち続けることは無理だっただろう」――。かつて任正非はそう語ったことがある。

一体どういう意味なのか。熱力学第二法則は、一般的には「エントロピーの法則」として広く知られている。外部とのエネルギーや物質の出入りがない「孤立系」においては、熱は常に高温物質から低温物質に移動し、やがて均一な温度（熱均衡）に至る。それらの物質が自然に元の温度に戻ることはあり得ない。19世紀のドイツの物理学者ルドルフ・クラウジウスは、そのような

「不可逆性」を表す概念を生み出し、エントロピーと名付けた。

エントロピーの法則は熱力学以外の物理学はもちろん、生物学や経済学など様々な分野に応用されている。万物（自然）は常に秩序ある状態から秩序のない状態に向かっており、それをエントロピーが増大すると言う。形ある物質だけでなく生物の生命や人間の社会活動も、時間の経過とともにエントロピーが増大し、最後には不可逆的な平衡状態、すなわち死が訪れるというのである。

だが、万物を支配するはずのこの法則は、地球上にあふれる生命現象をうまく説明できない。と言うのも、生物は長い時間をかけて比較的単純な構造からより高度で複雑な構造、つまりより秩序のある状態（エントロピーの減少）へと進化してきたからだ。

散逸と鍛錬で筋力をつける

この矛盾に突破口をもたらしたのが、ベルギーの化学物理学者イリヤ・プリゴジンが提唱した「散逸構造」論である。外部とエネルギーや物質のやりとりがある「開放系」では、外部からエネルギーを取り入れ、内部でエントロピーを消費（減少）し、それを外部に代謝していくことによって秩序を形成・維持する構造が存在している。例えば、仮に宇宙が「閉鎖系」で全体としてはエントロピーが増大しているとしても、局所的に見れば銀河や天体、生命などの秩序が絶えず誕生している。これが散逸構造であり、その内部ではエントロピーの減少を通じて新たな秩序の形成が可能になるという。

エントロピーの法則は最も基本的な科学的概念のひとつであるが、万物は死に向かうという極めて冷酷な法則でもある。対照的に、散逸構造論にはどこか人間的な温もりがあり、我々に勇気と希望を与えてくれる。なぜなら、それは人間の努力や奮闘を最大限に肯定する理論だからだ。

任はこう語っている。

「散逸構造とは何か。例えば体を鍛えるために毎日運動するという行為こそ、まさに散逸構造なのだ。身体にたくさんのエネルギーを取り入れ、それを消費すると、エネルギーが筋肉へと変わり、血液のめぐりがよくなる。エネルギーを消費し切ってしまえば、身体に余分な贅肉がつくことはなく、健康で美しくなれる。これこそが最も単純な散逸構造と言える」

「なぜファーウェイに散逸構造が必要なのか。我々は安定と不安定、均衡と不均衡、確定と不確定の狭間で、常に変革を繰り返すことで会社のパワーを維持してきた。肉をたくさん食べたのに運動しなければ肥満になってしまうが、肉をたくさん食べても運動をすれば、アスリートのような引き締まった身体になれる。同じように肉を食べても、それを消費するのとしないのとでは大きな違いが出てくるのだ」

「では何を消費するのか。私たちはしばしば『自分は会社に対して忠実だ』と口にする。だが、実際には会社が支払っている給料が多いだけのことで、持続性があるとは言えない。従って、そのような会社に対する〝愛情〟は散逸しなければならない。同様に会社に対する盲目的な誇りも捨て去るべきだ。さらに贅沢、怠惰、享楽といったムードを消費し、苦しい奮闘（鍛錬）を継続することによって、ファーウェイの企業文化に頑丈な筋肉をつけるのだ」

奮闘の継続はファーウェイの企業文化の中核を成す価値観のひとつであり、社員一人ひとりの胸に刻み込まれたDNAである。だが会社が発展し、事業環境や社員の生活水準が改善するにつれて、このDNAが突然変異を起こす可能性がある。いや、実際には一部の社員は既に変異を起こしていた。任は2006年、次のように警鐘を鳴らした。

「我々が唱える苦しい奮闘とは、事業や生活の面に係わるものだけではない。それ以上に重要なのは、思想面でも苦しい奮闘を続けることだ」

毛沢東の思想をアレンジ

中国建国の父である毛沢東は、国家と政党の興亡に関する法則の研究に生涯にわたり取り組んだ。彼は国家が衰退したり組織が腐敗したりするのを防ぐため、「運動」という社会変革の手法を編み出した。数年おきに思想的な大旋風を巻き起こし[1]、あらゆる社会階層を巻き込むことによって、個人や組織が惰性的になるのを防ぎ、国家と共産党が永続的に活力を持ち続けられるようにしようとしたのだ。

1944年生まれの任は、毛が次から次に発動した社会運動にもまれて成長した。また、彼は共産党員であり、軍隊勤務の経験もある。同世代の企業家の多くがそうであるように、任の経営思想には中国共産党の影響が深く埋め込まれている。

そして、ファーウェイのマネジメントの特徴と言える「自己批判」は、まさに共産党の「批評と自己批評[2]」をアレンジしたものだ。批判と批評はほぼ同義であり、いずれも危機に対する警戒心から生じるものである。

古今東西、強大な組織は例外なく衰退に向かい、最後はばらばらになってしまう。紀元前3世紀に史上初の中国統一を成し遂げた秦朝は、わずか14年で滅亡してしまった。現代の中国でも、改革開放政策の開始から35年余りの間に〝スター企業〟が次々に誕生したが、そのうち現在も生き残っているものがどれだけあるだろうか。

「極限まで紅くなれば灰になる」――。任は木炭が燃える様子になぞらえ、会社の幹部たちに常にそう警告してきた。中国語の「紅」には成功するという意味がある。人間や組織はひとたび成功すると有頂天になり、警戒心や慎重さが薄まり、反省や自己批判も少なくなってしまう。任はファーウェイの管理職に対して、古今東西の歴史書をたくさん読むように薦めている。なかでも、隆盛を極めた国や組織が内部から腐食し、やがて自壊していったケースに注目し、その教訓を深く考察するよう求めている。

「企業にとって最大のリスクは内部から生じる。それに打ち勝つ最良の方法が自己批判だ。だからこそ、ファーウェイはそれを長年続けてきたのだ」

とはいえ、任は共産党のやり方をそっくりそのまま取り入れているわけではない。自己批判は確かに共産党から学んだものだが、同じ共産党の思想でも「相互批判」は取り入れていない。任はその理由について、「相互批判は相手を傷つけやすく、人間関係をギクシャクさせてしまう。その点、自己批判なら一人ひとりが自分の受け入れられる範囲で反省できる」と説明する。

組織の「動脈硬化」を予防

創業以来、任が最も多く強調してきたことが2つある。ひとつ目は「顧客を中心に、奮闘者を根幹とし、苦しい奮闘を長期にわたって続ける」というファーウェイの核心的価値観。そして二つ目が自己批判だ。

彼の文章や講演の内容は、ファーウェイの現状や将来に対する憂いや焦りがほとんどを占め、満足や誇りなどの感情は滅多に表さない。珍しくそれを見せる時も、彼は最後に必ずこう付け加える。「常に自己批判を行わなければ、世界をリードする企業にはなれない」と。

1998年にファーウェイ基本法が完成した時、任は本社の入口に記念碑を立てようと提案した。そこには次のように刻まれている。

「ひとつの企業が安定して永続するための基礎は、後継者たちが会社の核心的価値観を受け継ぎ、自己批判能力を有していることである」

２００８年、任は「泥沼から這い上がってきた者こそ聖人である」と題した講演のなかで、自己批判がファーウェイの発展に果たした役割について具体的に語った。

「20年にわたる苦しい奮闘を通じて、我々は『自己批判』が企業の発展にどれほど重要かを理解した。もし自己批判がなかったら、ファーウェイは今ここにないだろう。我々が顧客のニーズを真剣に聞くことはなく、ライバル企業の長所に着目したり学んだりすることもなく、自己中心的な思考に陥り、変化も競争も激しい市場で淘汰されていたに違いない」

「自己批判がなければ、会社が危機に直面するたびに自身を深く省みることも、互いに励まし合ってチームの志気を高めることも、次に進むべき方向を照らすこともできなかっただろう。社外の進んだものを謙虚に取り入れたり、従来のやり方の限界を打ち破ったりすることもできず、マネジメントをグローバルな水準に高めることもできなかっただろう」

「自己批判がなければ、自制的で実用主義的な企業文化は維持できず、ちょっとした成功で有頂天になり、道のあちこちに隠れた落し穴にたちまち落ちてしまったはずだ。組織や業務プロセスに存在する無駄を排除し、質の高いマネジメントを通じてコストを引き下げることもできなかっただろう。管理職たちは真実を直視せず、批判的な意見に耳を貸さず、学習することも成長することもなく、正しい意思決定や事業推進ができなかっただろう」

「長期的に自己批判を続けられる人間でなければ、寛容の精神を身につけることはできない。長期的に自己批判を続けられる企業だけに、明るい未来が待っている。自己批判はファーウェイを今日まで導いてくれた。将来、我々がさらに先へ進んでいけるかどうかは、我々がこれからも自己批判を続けられるかどうかにかかっている」

ファーウェイには「自己批判指導委員会」という組織がある。そこでは自己批判を制度化するとともに、自己批判が形式に流されたり偏った方向へ向かわないようにするための議論を重ねている。ある時、任はこの委員会の座談会で次のように提案した。

「我々の組織は上から下まで調整が必要だ。真実を語り、自己批判する勇気があり、他者からの批判を聞き入れられる人材を登用しなければならない。そのような人物でなければ、組織の各階層におけるマネジメントの責任を負うことはできない」

つまり、幹部の昇進に欠かせない必須条件として、自己批判を行う勇気があるかどうかを付け加えたのである。

欧米流と中国流の融合

自己批判を行うのは〝言うは易し〟だが、それを適切にコントロールするのは難しい。ファーウェイと同じく共産党思想の影響を受けているはずの中国企業も、そのほとんどがマネジメントに自己批判を取り入れる勇気がない。こうした企業の経営チームは表面上、和気あいあいと協力し合っているように見えるが、実際には水面下で張り合い、互いに足を引っ張っている。そのような状態が長く続くと、組織はやがて「動脈硬化」を起こして活力を失ってしまう。

かと言って自己批判を軽率に取り入れれば、社内のライバルを攻撃したり追い落としたりする材料に使われ、ひどい場合には幹部同士が敵対して組織の分裂を招いてしまう。制度としての自己批判の有無にかかわらず、自滅する企業に共通した特徴の一つは、「健全な批判」ができる雰囲気が組織内に足りないことなのだ。

企業は政党や軍隊とは違い、もともと営利を求める生産的組織である。「我々がやるべき自己批判は、全否定のための批判ではない。自らを最適化し、成長させるための批判なのだ。その最終的な目標は、企業全体の競争力を高めることにある」。任はそう明確に述べている。これこそ、ファーウェイが長期にわたって続けてきた自己批判文化の極意である。

ファーウェイはグローバル化という時代の趨勢のなかで欧米のライバルと競争している。戦いの舞台は、ライバルの牙城である欧州各国や北米を含む世界各地に広がっている。そして、技術、品質、価格、サービスなどの甲乙がつけがたい時、ファーウェイとライバルの〝力比べ〟の勝敗は「どちらの危機意識、自己批判意識がより強いか」によって決まると言っても過言ではない。

実力伯仲のライバルに勝つための唯一の方法は、自分が相手よりも相手らしくあり、同時に相手が真似できない特別な何かを持っていることだ。その意味で、ファーウェイは徹底した業務プロセス改革を通じて「欧米企業よりも欧米らしく」なり、さらに独自のアジア的思考も磨いてきた。

自己批判文化はその象徴と言えるものだ。

草創期のファーウェイには、体系化されたマネジメントも意思決定プロセスもなかった。トップの任は勤務時間のほとんどを顧客との商談や、幹部の報告を聞くことにあてていた。ところが創業から10年が過ぎ、会社がある程度の規模に成長すると、「社内の思想が混乱し、セクショナリズムが台頭し、各部門の〝君主〟たちが実力を見せつけようと争い始めた。当時は会社がどこへ向かっているのか、皆目わからなかった」。任はそう振り返る。

これを解決するため、任は「問題の要点をつかみ、それに基づいて人心を統一し、全面的な解決を図る」[3]という中国的思考を基本方針に掲げた。そして作られたのがファーウェイ基本法だ。編纂にあたっては中国人民大学の複数の教授を顧問に迎え、会社の経営陣から一般社員までが様々な意見や主張を出し合い、討議を何度も繰り返しながら1年余りをかけて完成した。その過程の共有を通じて、会社の方向性に関する社内の論争は収まっていった。

ファーウェイが欧米流の業務プロセス管理（ＢＰＭ）の本格導入に踏み切ったのもこの時期である。先にも述べたように、それはファーウェイが世界中の顧客にサービスする能力を身につけ、欧米企業よりも「欧米らしく」なるための自己変革だった。

と同時に、ＢＰＭには別の重要な意義があった。それは各階層の管理職の権限を明確にし、制限をかけることだ。これに関して、筆者は興味深い経験をしたことがある。２００4年1月、筆者は任の案内で深圳市内にあるファーウェイの資料センターを訪れた。ところが建物の入口の扉は、創業トップの任のIDカードを使っても開かなかったのだ。

「資料センターにしても研究開発センターにしても、私が勝手に入れない場所は少なくない。業務プロセス改革により、私にはそこへ行く権利がなくなってしまったんだ」。任はそう言って苦笑した。

ファーウェイでは、会社の戦略を策定する立場になればなるほど執行権がなくなる。経営陣の役割は制度を作ることと戦略の方向性を把握することであり、各部門の幹部の役割はそれを執行することだ。そして実際に戦うのが現場の管理職や社員たちなのである。経営陣があまりに細かいところまで口を出すと、セクショナリズムの萌芽につながり、組織が硬直化しかねない。BPMは問題を完全に回避することはできないが、大部分を防ぐことができる。

自己批判文化は中国の〝秘伝〟

古来、中国の政治史には数々の偉大な思想家が登場した。しかし、同時に「思想批判」も繰り返されてきた。近代史における最も激しい思想批判は、1960~70年代に一般国民を巻き込んで行われた文化大革命期のものだ。それは言葉では言い表わせないほどに人々の心を傷つけ、歪めてしまった。このため、文革後の中国社会では人々は「思想批判」を本能的に恐れ、避けるようになってしまった。

にもかかわらず、任はあえて思想批判の一種である自己批判に光を当て、ファーウェイで長期にわたり実践した。その結果、個人や組織に生じた問題がずるずると鬱積することなく、多くの場合すぐに改善されるようになった。注目すべきなのは、自己批判によって組織が分裂するどころか、反対に15万人の社員の結束力を高めていることだ。ファーウェイには、上司に言われたことにただ従うだけの飼い犬のような社員はほとんどいない。経営幹部も一般社員も、一人ひとりが個性を輝かせている。

中国企業の一部には、共産党流の「批評と自己批評」を取り入れて組織の引き締めを図ろうとする動きも見られる。しかし多くの場合、内部対立を招いて失敗に終わっているのが実態だ。なかには海南航空のように、経営者が仏教思想を通じて人心統一を試みているケースもある。[4]

健全な自己批判文化の形成はかように難しい。ファーウェイでも、制度の運用には細心の注意を払っている。「我々の自己批判は、あくまでも核心的価値観を前提に行っている。そこから絶対に離れてはならず、少しでも離れたら元に戻さなければならない」。任はそう強調する。

核心的価値観を前提にした自己批判とは、すなわち、顧客を中心にしているか、奮闘者を根幹にしているか、苦しい奮闘を揺らぐことなく続けているか、という問いかけである。20年以上にわたる自問自答の繰り返しによって、ファーウェイは社員一人ひとりの成長を促し、会社全体の競争力を不断に高めてきたのだ。

ファーウェイのある幹部は、感慨深げな表情で次のように語った。

「自己批判をうまく行うのは難しい。なぜファーウェイにはそれができるのか。第一の理由は、リーダーが率先して自己批判し、メンツを失うのを恐れないことだ。そして第二の理由は、人格を全否定せず、灰度哲学に則って妥協していることだ。普通の企業にはとても真似できないだろう」

欧米社会では、思想批判は人間の尊厳やプライバシーを侵害する恐れがあると考えられている。企業が社員の潜在能力をいかに引き出すかや、人間性の醜い部分をどう抑えるかなどについて、心理学や行動科学を駆使した研究がさかんに行われているが、そこに思想批判を応用する発想は見られない。

ファーウェイが欧米のライバルから捉え難い存在と思われている理由が、まさにここにある。自己批判文化は中国ならではの〝秘伝〟であり、欧米企業が深く理解するのは不可能かもしれない。また、仮に理解したとしても模倣するのは困難だろう。先にも述べたように、中国企業でも自己批判という哲学的ツールをうまく使いこなしている例はほとんどないのだ。

ここ10年の間にグローバル市場に進出した中国企業は少なくない。そんななか、欧米のライバルから「中国的でも欧米的でもなく、中国らしくもありまた欧米らしくもある」というオンリーワンの個性を持つ存在として一目置かれているのは、おそらくファーウェイだけである。

（1）毛沢東が中華人民共和国の建国（1949年）後に発動した社会運動には「百花斉放百家争鳴」（1956年）、「大躍進」（1958年）、「文化大革命」（1966年）などがある。いずれも内紛のエスカレートで多くの犠牲者を出した。

（2）「批評」は他者の欠点や誤りに対して意見すること、「自己批評」は共産党や自分自身の欠点や誤りを告白し、自己分析することを意味する。「理論と実践を結びつける」、「大衆とともにある」と並び、中国共産党の「三大作風」（あるべき三つの姿勢）の一つとされている。

（3）原文は「提綱挈領、以綱領統御人身、綱挙目張」。人心の掌握を投網による魚獲りにたとえ、円錐状の投網の根元（要点）をしっかり握って網を投げることで成果が得られると説いている。

（4）海南航空は海南省海口市に本社を置く準大手航空会社。同社の陳峰会長は仏教思想を経営に積極的に取り入れ、寺院での社員研修なども行っている。

第10章 7000人の集団辞職

1996年の春節（旧正月）前、ファーウェイは前代未聞の活動を行った。マーケティング部の正社員を対象に、高級幹部から末端の事務所の主任に至るまで、全員に二種類の報告書の提出を求めたのだ。ひとつ目は前期の業務を総括し来期の計画を記入した報告書。そして二つ目は「辞職」の報告書だった。

会社はそれらを受け取ったうえで、個々の社員の実績や潜在力、会社としての必要性などを考慮し、どちらかひとつを採択することになっていた。実際には管理職全員をいったん辞めさせ、過去のしがらみを断ち切ったうえで、再び採用してマーケティング部を再構築したのである。

「こんな真似ができるのはファーウェイだけだ。マーケティング部門はもともと社員の流動性が高く、マネジャーを一人育てることだって難しい。優秀なマネジャーを他社に引き抜かれ、顧客ごとごっそり持って行かれることもしばしばだ。それなのに、幹部や地域の主任たちに自ら辞職願いを書かせるなんて正気の沙汰じゃない。他の企業だったら大混乱を引き起こしただろう」。ある外資系企業の中国地区幹部はそう驚きをもって語った。

ところが、ファーウェイのマーケティング部では集団辞職に伴う混乱や反発がまったく起きなかったばかりか、逆に社員たちの結束強化に繋がった。当時、マーケティング部を代表して集団辞職の宣誓を行った孫亜芳（現会長）は、「ファーウェイでは昇格もあれば降格もあり得る。それは単なるスローガンではなく実践である」という内容の辞職願を読み上げた。続いてマーケティング部の社員たちが次々に演壇に上がり、「会社全体の利益のために個人を犠牲にすることについて迷いはない」、「ファーウェイの企業文化は団結であり、私は進んでその礎となる」、「ファーウェイの発展を持続させるために、私が会社の足を引っぱるわけにはいかない」などと口々に語った。

とはいえ、彼らの心中は複雑だったに違いない。当時のマーケティング部総裁代理だった毛生江は、後に次のように語っている。

「誰しもそれまでのキャリアを捨てることにはためらいがあり、心理面の調整が必要だった。気にしていないと言えば嘘になる。ただし、私が気にしていたのはファーウェイの発展と繁栄のために何が必要か、そして私が引き続きファーウェイのために何ができるかだった。それは私が業務を通じて絶えず自分を鍛えてきたことへの自信であり、同僚たちからの期待と信頼でもある。肩書きだとかメンツだとかは虚しいものであり、私は本当に気にしていなかった」

ファーウェイはなぜ集団辞職などという突飛な方法を使い、マーケティング部の組織を総入れ替えする必要があったのだろうか。ある経営幹部は当時を振り返ってこう解説してくれた。

「ファーウェイの競争相手は強大で、彼らがゾウだとすれば我々はネズミのようなものだった。もし我々が現状に安住し、慣れ親しんだやり方に固執してその場に立ち止まっていたら、たちまちゾウに一足で踏み潰されてしまっただろう。しかし、ネズミが絶えず方向を調整しながら俊敏に動き回れば、ゾウに踏み潰されないばかりか、いずれはゾウの背中に上ったり鼻の穴に入り込んだりして苦しめることもできるだろう。そのために、ファーウェイは是が非でも柔軟な経営と組織を維持しなければならなかった」

わずか二万元から身を起こした中国の新興企業が、欧米の大企業と正面からぶつかったら勝ち目はない。生き残るためには自己犠牲を厭わず、誰よりも勤勉、俊敏かつ周到に行動するしかなかった。それが当時のファーウェイの現実であり、厳しい現実が集団辞職という〝革新〟を生み出したのである。

その2年後、ファーウェイは「米国の靴」を履く全社的な業務プロセス変革に着手した。後から振り返れば、マーケティング部の集団辞職は将来のより大がかりな変革に備えた予行演習であり、組織や社員がそれに耐えられるかどうかを見極める〝ストレステスト〟だった。また、マーケティング部という一部門の変革を先行させることで、その他の部門の幹部に心の準備をさせる狙いもあっただろう。

通信業界は悪夢の連続

1996年の集団辞職は、世間の大きな注目を集めることも、メディアからバッシングを受けることもなく静かに終わった。ところが11年後の2007年10月、ファーウェイは再び集団辞職を敢行し、メディアに一大事件として取り上げられることになった。その対象は7000人近くに上り、中国政府が新たな労働契約法[1]を施行する直前だったこともあって大きな社会的反響を呼んだ。

ファーウェイが社員に向けて出した通達は次のようなものだった。勤続年数が八年以上の社員は、全員が2008年元旦より前に自発的に辞職手続きを行う。その後再雇用を望む者は六カ月以内に会社の募集に応募し、合格すれば辞職前と同じ待遇で1~3年間の雇用契約を結ぶ。従業員持株制度によってファーウェイの株式を所有する社員については、辞職後も六カ月間は会社が株式を預かる。そして六カ月以内に再雇用の契約をしない場合、保有株に応じた対価を支払う。

この通達が明るみに出ると、メディアはファーウェイの7000人の集団辞職をこぞって取り上げた。2008年1月に施行された労働契約法は、従来の労働法を補完し、労働者の権利保護を強化するものだった。なかでも論議を呼んだのが、勤続年数10年以上または期限付き雇用契約を2回以上更新した労働者が契約を再更新する場合、雇用者に対して「期限を定めない契約」、すなわち事実上の終身雇用を義務付けた点である。

ファーウェイの集団辞職は、見方によっては次回の契約更新で終身雇用の対象になる社員を法律施行前に駆け込みで辞めさせ、勤続年数と契約更新回数をリセットする行為だった。メディアは「労働契約法へのあからさまな挑戦」、「中華全国総工会[2]もファーウェイに注目」などとセンセーショナルに報道。ネット上でも「労働者の権利を軽視している」などの批判が相次いだ。

二度にわたる集団辞職は、創業トップの任正非に「過激な企業革命家」、「毛沢東式の運動型経営者」などのレッテルを貼る結果になった。しかし実際には、任は長年にわたって急進的な変革のリスクを説き、小さな変革の積み重ねを奨励してきた人物である。にもかかわらず、集団辞職のような極端な変革になぜ二度も踏み切らねばならなかったのか。

最大の原因は外部環境の激しい変化だ。2000年代の後半、世界の通信業界では国境を越えた大型再編が相次いだ。2005年、通信インフラ設備で世界最大手のスウェーデンのエリクソンが英マルコーニの通信機器部門を買収。2006年にはフランスのアルカテルと米ルーセント・テクノロジーが合併。2007年にはフィンランドのノキアと独シーメンスが携帯電話向けの通信設備事業で合弁した。

前述のネズミとゾウの戦いにたとえれば、ファーウェイというネズミは一度目の集団辞職とその後の業務プロセス変革によって組織の硬直化を防ぎ、勇猛なライオンへと成長した。一方、ゾウたちは市場環境の変化の激しさに疲弊し、体力を落としていった。ところが、ここで予想外の変化が起きた。追い詰められたゾウたちがプライドをかなぐり捨て合併や同盟に乗り出し、ファーウェイの前に立ちはだかったのである。

「明けても暮れても悪夢の連続だ。それが20年以上も続いている。通信業界で生きていくことを選んだ以上、安らかな睡眠は望めない」。あるファーウェイの古参幹部は、そう溜息混じりに語った。

当時、ファーウェイの総裁弁公室（社長室に相当）がまとめたある報告書には、二度目の集団辞職の背景が次のように記されている。

「グローバル市場での競争は、平和な時代における事実上の戦争にほかならない。激しい競争のなかでは、どんな企業も常に勝利し続けることは不可能だ。いくつもの世界的な企業が生き残るために痛みを伴うリストラを敢行せざるを得ず、その過程で消えてしまった企業もある。前途は極めて不確実であり、企業は自らの長期的生存を保障することができない。ゆえに、企業は従業員の終身雇用を保証することはできないし、怠け者を受け入れることもできない。そうすることは奮闘者に対して不公平であり、奮闘しようとする者の励みにならないばかりか、逆にやる気を削いでしまう。幸福は空から降ってくるものではなく、自身の労働を頼りに生み出すしかない。

苦しい奮闘のみが我々の未来に希望をもたらす。それ以外に道はないのだ」

終身雇用は認めない

かつて筆者は、任とプライベートな場で次のような会話を交わしたことがある。

筆者：「あなたが最も心配していることは何か」

任　：「ファーウェイの社員たちが若くして裕福になっていることだ」

筆者：「もし彼らが怠けたらどうするか」

任　：「会社を去ってもらう」

筆者：「では、社員の大多数が怠けたらどうするか」

任　：「大志を抱く貧しい若者を集め、もう一度起業する」

10年以上にわたる業務プロセス変革にしても、二度の集団辞職にしても、ファーウェイの変革が「より多く働いた者により多く報いる」という価値観に根ざしたものであることは間違いない。

2006年に着手した賃金制度の改革では、資格や年功序列に応じた報酬を廃止し、責任と貢献に応じたものに改めた。社内の様々な持ち場の責任や貢献の度合いによって等級を決め、社員は持ち場に応じた待遇を受ける。人事異動で持ち場が変われば、賃金も調整される。

改革後の制度の恩恵が最も大きいのは、奮闘精神に溢れ、果敢に責任を負い、会社の発展に貢献する社員たちだ。一方、進取の精神を失い、過去の功労の上にあぐらをかいている社員は、いくら勤続年数が長くても降格される。さらに、雇用契約の更新時には社員と会社の双方に選択権がある。社員は自分の意思で契約を更新しないこともできるが、会社も貢献度が不十分な社員との契約を更新する必要はない。つまり終身雇用は認めないということだ。

欧米勢が合併や同盟を通じて攻勢に転じるなか、新興勢力のファーウェイに援軍はなく、自力だけを頼りに孤軍奮闘するしかなかった。そんなファーウェイの奮闘文化を制度面から支えているのが柔軟な人事政策だ。そこに降って湧いたのが事実上の終身雇用を義務付ける労働契約法の制定だった。条文通りに受け入れれば、「奮闘者を根幹とする」文化はやがて変質してしまい、グローバル市場で勝ち残るという目標もはかない夢に終わりかねない。

この危機はファーウェイにとって生死をかけた難関と言っても過言ではなく、任ら経営陣は深刻なプレッシャーと焦りを感じていた。しかしメディアのバッシングなどの逆風にさらされつつも、ファーウェイは二度目の集団辞職を計画通り推し進めた。顧問弁護士たちは相当に知恵を絞ったはずだ。そして、最終的には当局から法律違反を指摘されることも、辞職した社員から争議や訴訟を起こされることもなく完遂したのである[3]。

社外の喧噪とは対照的に、震源地であるはずのファーウェイ社内は平静だった。集団辞職した社員の「不満や抗議の声」を取材しようと深圳の本社前で待ち構えていたメディアの記者たちは、むしろ予想とは逆の状況に面食らった。取材に応じた社員たちが口々に会社の措置に理解を示したからだ。ある社員は次のように話した。

「企業の歴史が長くなると、勤続年数の長い社員が待遇のよいポストを独占し、やる気が不足し、能力も追いつかなくなる。この状況に揺さぶりをかけなければ、ファーウェイは澱んだ水溜りになってしまう。あえてショックを起こすことで、人間は危機感を持ち、企業は競争力を維持できるのです」

社員は株主としての利益を追求

最終的には6687人が辞職願いを出し、そのなかには創業トップの任も含まれていた。彼は「私の辞職および引退申請」のなかでこう述べた。

「私は1984年の軍の人員削減で退役したが、仕事がうまくゆかず、生き延びるために1987年にファーウェイを創業した。いつの間にか、それから20年が過ぎ去った。数万元の売り上げと数人の社員からスタートしたファーウェイは、現在は売上高が165億ドルを超え、業務、マネジメント、人材などの分野で基本的なグローバル化を実現した。ファーウェイはグローバル化の潮流に対応し、今後も健全かつ比較的高いスピードで発展を続け、おそらくそう遠くない将来に売上高400億ドルを突破するだろう。売上高数万元の会社を指揮していた人間が、400億ドルの会社の舵取りを担えるはずがない。私自身、能力や体力の限界を強く感じている。

『長江の後ろの波は前の波を押す』[4]という格言のように、世の中には新しい才能が次々に生まれ、世代交代していくものだ。私が現在の職位を辞し、会社を離れることを許可していただきたい」

任を含む6687人の辞職申請は、2007年11月の取締役会で許可された。そして取締役会による慰留と交渉を経て、ファーウェイは改めて任をCEOとして招聘。同じく6581人と再び雇用契約を交わした。残る106人のうち90人は自主的な退職を選択し、16人は能力不足や不適任などの理由により、会社との友好的な話し合いを経てファーウェイを離れた。

また、一部の中高級幹部は再契約後に元のポストに戻らず、降格や昇格、別の部門への異動などが行われた。そして、これを機に有能な若手が抜擢されるようになり、新たなリーダーとして頭角を現すようになった。こうして、集団辞職はファーウェイのさらなる発展への活力に転化されたのである。

1996年と2007年の二度の集団辞職は、部外者には理解しがたい過激な変革だった。また、対象者の利害に与える影響や、組織の変動も大きかった。にもかかわらず、社員たちはなぜ平静さを保ち、むしろ積極的に協力したのだろうか。その秘密はどこにあったのか。

答えは意外に簡単だ。ファーウェイでは「奮闘者を根幹とする」価値観を社員たちが共有している。と同時に、従業員持株制度を通じて六万人以上の社員が自社株を所有している。つまり、彼らはファーウェイの従業員であるだけでなく、奮闘者中心の企業文化を信奉する株主でもあるのだ。

株主の立場で考えれば、企業の成長に有利な変革は株主の利益になり、反対する理由はない。仮に自分が降格されたり異動させられたりしても、より有能な人材が株主のためにもっと多くの価値を創造してくれるなら、それを支持する方が自分にとっても有利ではないだろうか。

これはファーウェイ社員の間では普遍的な心理である。社員たちは毎月の賃金よりも、会社の実績によって決まる期末の賞与と配当をずっと重視している。彼らは一人ひとりが小さな経営者であり、ファーウェイにさらなる活力と競争力をつけるためなら苦労も厭わない。

つまり集団辞職には、ファーウェイの株主が自分たちの利益のために行った〝奉仕〟という一面があったのである。社員たちは労働者であると同時に資本家でもあり、経営陣との間にいわゆる労資の対立は存在しない。その意味で、「労働者の権利を軽視している」などの外野の批判は明らかに的外れだったと言える。

(1) 中国は1995年に「労働法」を施行したが、労働契約に関する規定が不十分だったため、企業による労働者の一方的な解雇や、それに伴う労働争議などが頻発していた。そこで、労働法を補完する目的で2007年6月に「労働契約法」を制定。翌2008年1月から施行した。

(2) 中国唯一の全国的な労働組合連合組織。中国共産党の指導下で、各地の労働組合を監督、統率する役割を持つ。

(3) 勤続年数の長い社員をいったん辞職させ、再雇用することによって労働契約法の縛りを回避する手法は、実際にはファーウェイに限らず多くの中国企業が実施した。終身雇用による人件費上昇や競争力低下の懸念を受け、当局側も事実上それを黙認した経緯がある。

（4）原文は「長江后浪推前浪」。世の中は大河の流れのように絶えず前進し、人間も新世代（后浪）が旧世代（前浪）に取って代わっていく様を意味する。

第11章

均衡と不均衡の極意

重慶建築工程学院（現重慶大学）で学んだ任正非は、現代建築に対する強い情熱を持っている。ファーウェイは中国各地に製造拠点や研究開発センターを次々に建設してきたが、任は「山と水のある立地がベストだ」と語り、都市の中心部よりも郊外の立地を選んできた。建物の設計は必ず世界のトップレベルの設計事務所に依頼している。

その代表例と言えるのが、英ＲＭＪＭの設計により江蘇省南京市に建設されたソフトウェアパークだ。開放感のある空間デザインは芸術性と実用性を兼ね備えると同時に、紫金山(1)という大自然の美しさとも見事に調和している。まさに芸術、科学、自然が三位一体となった高度な均衡状態が作り出されているのだ。

ファーウェイは、会社の内外でどんな環境変化が起きようとも「均衡のとれた発展を続ける」ことを至上命題にしてきた。中国の経営学者のなかには、任正非の経営思想の核心はずばり「均衡」だと分析する向きもある。

だが企業経営の実践において、均衡とは一種の「理想郷」のようなものであり、完全になし遂げることは不可能だ。そもそも、企業にとって完全な均衡状態は許されない。なぜなら、完全な均衡とは変化の停止、あるいはエネルギーの消失という「死」を意味するからである。

安定するほど混乱を求める

任はこう語っている。

「世界は常に変化している。ゆえに、完璧な美しさは永遠に手に入らないどころか存在さえしないのだ。完璧な美を追求すれば低質な形式主義に陥り、事態を膠着させる恐れがある。完璧さや美しさを求めれば求めるほど、守りに入って前進できなくなる。ましてや先頭に立って戦うことなど不可能だ。ファーウェイが欧米企業に追いつき追い越すことができたのは、完璧さや美しさを追求しなかったからだ」

組織のマネジメントにおいて均衡は理想の境地と言える。不均衡な状態で成長を求めると、組織の内部で歪みが増幅する。やがて亀裂を生じ、ひどい場合には組織が崩壊してしまう。しかし、絶えず変化する環境下で組織が生き残るためには、常に活力を維持し増加させなければならない。一定の均衡状態に至ると、組織は保守的になり、活力が低下しがちだ。

つまり、組織のリーダーは「相矛盾する二つのこと」を同時かつ永続的にやり続けるという宿命を背負っている。不均衡のなかでは無秩序に反対して安定を求め、均衡に至れば秩序を揺さぶって変化を求めなければならない。歴史に名を残したリーダーたちは、その成功も失敗も、突き詰めれば「混乱のなかで秩序を求め、秩序のなかで混乱を求める」という言葉を理解していたかどうかに尽きるのである。

では、創業以来ファーウェイを率いてきた任はどう考えているのか。

「これまでの20年余り、我々は研究開発や市場開拓を優先してきた。均衡のとれた組織マネジメントを後回しにしたため、様々な矛盾を抱え込んでしまった。次の20年に我々がなすべきは、より均衡のとれた発展に向かうことである」

「社内の活力に制限を加えるわけではないが、かと言って放任もしない。混乱を起こさない範囲で柔軟な姿勢をとりつつ、規律に基づいたマネジメントを行わなければならない」

「業務プロセス管理とは、具体的には基準化、規格化、視覚化である。だが、それが硬直化に変質してはならない」

ファーウェイは1998年から業務プロセス変革を徹底し、2005年頃までには基準化、規格化、視覚化がほぼ定着した。荒削りで不安定な新興企業から、秩序がありバランスの取れたグローバル企業へと面目を一新したのである。すると任は、この均衡状態をどのようにして打ち破り、「大企業病」を回避するかを直ちに考え始めた。

「マネジメントを精緻化し、混乱のなかからどうやって安定を求めるかを考えなければならない。その目的は、業容が拡大しても混乱が起きないようにするためだ。私は拡大に反対しているのではない。業容の拡大とマネジメントの精緻化を効果的に融合させる必要があるのだ」

「どんなに美しい均衡も、やがては打ち破られる可能性がある。それによって新しい生命が誕生し、前進することができるのだ。我々人間を含めて生物は死ぬ前に子孫を残す。それも均衡が打ち破られることである」

ファーウェイの経営陣は「死」に関する話題をタブー視しない。「ファーウェイにもいつかは死が訪れる。我々があらゆる手を尽くして努力するのは、その日を一日でも遅らせるためだ」と彼らは語る。組織の崩壊を防ぐには均衡を求めなければならないが、均衡を打ち破ることもまた、組織の「静かな死」を避けるために不可欠だ。均衡状態が固定化すると、組織は内側からゆっくり腐食し、ぼろぼろになってしまうのである。

「ファーウェイの冬」

企業経営とは、リスクに直面しそれを克服するプロセスの繰り返しである。1912年に北大西洋上で沈没した豪華客船「タイタニック号」は、当時の造船技術の粋を集めて建造され「不沈船」と呼ばれていた。それが氷山にぶつかってあえなく沈んでしまったのは、設計者や建造者、船会社、船長など全ての関係者が「完全無欠」という言葉に自己陶酔し、リスクに対して最低限持つべき警戒心が欠如していたことが一因だ。政府や企業も含めて、あらゆる組織の失敗はしばしばリーダーの自惚れが招いている。

ファーウェイの任は、中国の経営者のなかで最も危機に敏感な人物の一人と言える。かつて日本のパナソニックを訪問した時、彼はオフィスの壁に掛かっていた一枚の絵に気付いた。そこには今にも氷山にぶつかりそうな巨大な船が描かれ、こんな言葉が添えられていた。「この船を救えるのはあなただけです」――。任はそれを見て大きな衝撃を受けたという。

任が社内に向けて発するメッセージの多くは危機感や憂いに満ちている。なかでも通信業界の語り種になっているのが、2001年2月に「ファーウェイの冬」(2)と題して社内誌に掲載された文章である。当時、米国のIT業界はインターネット・バブルの熱狂に沸いていた。欧州や日本では第3世代携帯電話(3G)への期待が膨らみ、通信事業者は積極投資を競っていた。

追い風を受けた通信業界は我が世の春を謳歌し、２０００年のファーウェイの売上高は１５２億元、純利益は29億元に達した。ところが、誰もが盲目的な自信や楽観に酔っていた最中に、任はこう強く警告したのだ。「ファーウェイに冬がやってくる」と。

彼の予言は的中した。まもなくネットバブルは崩壊し、３Ｇも出だしは鳴かず飛ばずだった。恐ろしいことに、通信業界は夏と秋を飛ばして一気に厳しい冬に突入したのである。だが、いち早く冬支度を整えたファーウェイは、致命的な犠牲を払うことなく厳冬期を乗り越えた。そして数年後に寒さが緩み始めた時、体力が弱ったライバルを尻目に攻勢に転じることができた。２００４年のファーウェイの売上高は４６２億元と、２０００年の3倍に拡大した。

「ファーウェイの冬」が注目を集めたのは、通信業界の絶頂期に発表されたからである。「もし我々に未来の困難を予見する能力がなかったら、ファーウェイはより深刻な困難に陥っていただろう。我々は困難をありのまま皆に伝えなければならない」と任は言う。

もちろん、任が危機を予言したのはこれが初めてではない。ファーウェイを創業したその日から、ひたすら休むことなく「存亡の危機」について語り続けてきたのだ。その対象は市場環境の急変のような突発的なものから、自社の経営戦略、企業文化、人材育成などまで多岐にわたる。彼に言わせれば、危機はいつでもどこにでも存在する。ファーウェイは四方八方からひっきりなしに出現する災難と格闘しながら、今日まで歩んできたのである。

ここで素朴な疑問が湧いてくる。創業トップが20年以上も「冬が来る」と言い続けて、幹部たちの感覚が麻痺してしまうことはないのだろうか。任が危機を叫ぶたびに、なぜ皆の目を覚まさせることができるのだろうか。

ポイントは、任が決して「オオカミ少年」ではなかったことである。オオカミの群れは確かにやってきており、任はその気配を誰より早く感じ取って警告してきた。そして任が警鐘を鳴らすたび、ファーウェイでは全社的な備えや戦略の調整が取られ、むしろ危機をチャンスに変えてきた。ある幹部はこう話す。

「任総裁の危機論は全社員の意識を高揚させ、戦いへの心の準備を促してくれる」

とはいえ、次から次に危機を乗り越えても、ゴールは永遠に見えないかのようである。そんななか、社員たちの心中に「いつまで奮闘しなければならないのか」、「ファーウェイもいつかは失敗するはずだ」などという悲観や諦めの感情が生じることはないのだろうか。

実はこれこそ、任がトップとして直面する大きな矛盾であり、彼の経営思想の極意でもある。任は一つの観点を突き詰めることを好むが、同時に相反する観点や補完的な観点もしっかり把握している。例えて言えば、道教のシンボルであり陰と陽が美しく均衡した「太極図」[3]のようだ。

任は絶え間なく危機について語るが、同時に理想主義者でもある。現実は冷酷であり、常に死と隣り合わせだ。それでも、苦しい奮闘を続けて一つひとつ危機を乗り越えれば、世界レベルの企業になるという夢を必ず実現できる。そう唱えることで、重圧を帯びた現実に明るさを添えてきたのである。

花は五分咲き、酒はほろ酔い

何事も完全に満たしてはならない。限界を超えれば溢れてしまい、そこから邪念が生まれる。人間は欲望が満たされると自惚れ、身勝手になってしまうものだ。古来、飛ぶ鳥を落とす勢いだった英雄がやがて驕り高ぶり、そのために身を滅ぼした悲劇は枚挙に暇がない。

「名声を求め過ぎれば欺瞞に陥り、利益を求め過ぎれば意固地になる」ということわざがある。成功を持続させられるリーダーは、紆余曲折を経て中庸に至ることが多い。中庸は個人の美徳であり、組織のバランスを保つための文化的素養でもある。例えば、組織は必ず目標を定めなければならないが、目標達成に固執して競争相手を袋小路に追い込んではならない。身動きが取れなくなった相手は自暴自棄になり、殺気をまき散らし始める。それは自分の立場を自ら危うくすることだ。むしろ相手を追い込みすぎず、共存やウィン―ウィンの道を模索するほうが良策だ。

また、組織は規則や規律を重視し、目標に対する達成度などによってメンバーの業績考課を行わなければならない。だが、組織文化の面では「灰度」を強調し、善意に基づいたコミュニケーションを重視すべきだ。物事に対しては白黒をはっきりさせても、人間に対しては灰度を用いて寛容に接するということである。常に他人を責め立てたり、拒否したり、制止したりしてはならない。ひとことで言えば「花は五分咲き、酒はほろ酔い[4]」がほどよいのだ。

企業経営も同じではないだろうか。任はこう語っている。

「純粋な黒や白は哲学的仮説に過ぎず、グレーこそが常態なのだ。我々は決して極端に走ってはならず、系統的な思考を持たなければならない」

また、彼は「ファーウェイは経験主義だけでなく教条主義にも反対する」と主張している。しかし「経験」にしても「教条」にしても、それが「主義」となって硬直化しなければよいのであって、一律に否定しているわけではない。

ファーウェイは非常に執行力の強い組織である。いったん目標が定まれば、その達成に向けて皆が一丸となって奮闘する。それだけに、一度動き出したら目標や方向の調整は簡単ではなく、下手をすれば硬直化に向かいかねない。だからこそ、任は幹部たちにバランスのとれた思考を持つよう強調し続けている。

あらゆる組織にとって、永久不変の最適な道など存在しない。いつも右と左、急進と保守、安定と変革の間を揺れ動きながら前進し、試行錯誤を繰り返しながら絶えず軌道修正を行わなければならない。その実践には、現場クラスのマネジャーが日常的に直面する問題とは次元の違う哲学的思考が必要だ。

「会社が将来の幹部人材に求めているのは、業務に関する経験や専門知識が豊富なだけでなく、業務以外でも広く深い教養を身につけていることだ。広く深い教養とは、有り体に言えば『ごった煮』、つまり何でも知っていることである」

そう語る任は、ファーウェイの中～高級幹部たちが歴史、哲学、軍事、天文学、地理など古今東西の知識を学び、視野を拡げ、文化的素養を育むよう求めている。たくさんの本を読み、〝雑学〟を増やすことで文化的素養を深めれば、単純かつ機械的に白黒をはっきりさせる思考パターンから脱し、何事も灰度を用いて考える力を身につける助けになる。そうすることで、業務の実践においてしばしば直面する様々な状況にもよりよく対応できるようになる。

経営とマネジメントを高次元で均衡

「経営」と「マネジメント」は、どちらもビジネスマンにとって馴染み深い言葉である。両者はしばしば同義語とみなされ、混同されている。だが、経営とマネジメントは実際には似て非なるものだ。

経営の目的は企業の利益を最大化することであり、そのカギは顧客にある。利益とは企業の製品やサービスが顧客に認められて初めて得られるものだからだ。一方、マネジメントは組織効率の最大化に重点を置いている。製品やサービスに対する顧客の評価がどんなに高くても、組織の効率が低ければ企業の存続に十分な利益が得られない。反対に、どんなに組織の効率が高くても顧客にそっぽを向かれれば生き残れないのである。

要するに、経営とマネジメントの関係は前出の「太極図」のようだ。両者は一つの円のなかで美しく均衡し、それによって利益と組織効率を両立させているのである。もちろん、利益と組織効率のどちらに重きを置くかは経営者によって違うし、企業の発展段階に応じても変わってくる。重要なのは、それぞれの企業が置かれた条件のなかで、経営とマネジメントをより高い次元で均衡させることだ。

ファーウェイは創業から10年間、企業戦略の重点をマネジメントよりも経営に置いていた。それは脆弱な新興企業にとって賢明な選択だったと言える。会社に一定の体力がつくまでは「生き延びる」ことこそが絶対的な道理だったからだ。そして1998年になると、ファーウェイは戦略の重点をマネジメントにシフトした。欧米の一流の業務プロセス管理を導入し、組織の効率を高めることで収益力を高めていった。

2005年、ファーウェイは業務のグルーバル化を加速させるなかで、自分たちの使命、ビジョン、成長戦略などを改めて見直し、次のようにまとめた。

一、顧客のためにサービスすることこそ、ファーウェイが存在するただひとつの理由であり、顧客ニーズはファーウェイの発展の原動力である。

二、品質とサービスを高め、運営コストを引き下げる。顧客ニーズを満たすことを優先し、顧客の競争力と利益獲得能力の向上に貢献する。

三、マネジメント変革を継続し、高効率のプロセス化されたオペレーションを実現させることにより、全工程で優れたデリバリーを確保する。

四、ビジネスパートナーと共に発展する。ライバルであれ提携相手であれ、良好な生存空間を一緒に創造し、バリューチェーンの利益を分かち合う。

ここからわかるように、2005年以降のファーウェイの企業戦略は経営とマネジメントのバランスが大変よく取れたものになっている。

イノベーションは半歩先まで

「イノベーション」という言葉も、ビジネスマンにはとっくにお馴染みだろう。ある企業が成功を収めるにはイノベーションが不可欠であり、イノベーションが足りなければ企業は衰退に向かうといわれる。

だが現実には、イノベーションは多ければ多いほど良いわけではない。ハイテク企業の盛衰の歴史を振り返れば、盲目的なイノベーションにのめり込んで失敗した事例が掃いて捨てるほどある。特にベンチャー企業の場合、イノベーションの不足よりも、それが市場のニーズとかけ離れていたり、会社の体力に対して過大だったりしたために倒産するケースが珍しくない。

ファーウェイはどうだろうか。創業直後のファーウェイは自社製品を持たない代理店だったが、数年後に独自の研究開発に着手した。そして1999年以降、毎年売上高の10％以上を研究開発に投じ続けている。これはグローバル売上高が2000億元を突破した現在も変わらない。2013年の研究開発費は約307億元と、売上高（約2390億元）の12・8％を占めた。

ある幹部によれば、ファーウェイでは他のコストは削っても構わないが、研究開発費の比率は絶対に減らしてはならない。「仮に売上高の10％を投資できなければ、その部門の研究開発責任者のクビが飛ぶ」ほどだという。

ファーウェイは全世界に7万人を超える研究開発スタッフを擁し、その数は全社員の45％を占める。一日当たりの特許出願数は三～五件に上り、2013年末までに累計3万6000件を超える特許を取得した。こうしたイノベーションの積み重ねにより、ファーウェイ製品の品質や品揃えは絶えず向上している。と同時に、欧米のライバルとの競争に欠かせないクロスライセンスも結べるのである。

ところが、ファーウェイ社内でイノベーションという言葉を聞くことは少ない。過去20年以上の任のスピーチ原稿や社内誌の文章を探しても、イノベーションについて語ったことは数えるほどだ。一体なぜなのか。任はその理由をこう説明する。

「ファーウェイはイノベーションを通じて技術面で業界をリードしなければならない。しかし、リードしてよいのは常にライバルの半歩先までだ。三歩先まで進むと顧客ニーズから乖離してしまいかねない」

「かつては我々も盲目的にイノベーションを崇拝していた。良い製品ができたと顧客にしつこく薦めるばかりで、先方の話などまったく聞いていなかった。そのせいで、ファーウェイの交換器は製品の世代交代の際に中国市場で一時シェアを落としてしまった。その後、我々は誤りに気付いて戦略を調整したが、最も重要なのはやはり市場であり、顧客ニーズに応えることなのだ」

「灰度哲学」で硬直化を避ける

ここまでの各章で、任およびファーウェイの経営思想について様々な観点から述べてきた。では、それらの礎になっている最も根本的なものはどれだろうか。

それは「灰度哲学」であると筆者は考えている。ファーウェイは「顧客を中心に、奮闘者を根幹とし、苦しい奮闘を長期にわたって続ける」という基本的価値観を高く掲げ、日々実践している。だが、仮に灰度哲学がなかったら、この価値観を長期に安定して維持することは難しかったはずである。

例えば、顧客の現実的ニーズを満たすことと潜在的ニーズを掘り起こすことのどちらを優先すべきか。ファーウェイの基本的価値観は、こうした相反する要素を内包している。灰度哲学という思想的支柱がなければ、はっきりと白黒をつける方向へ容易に変質し、硬直化してしまったことだろう。

灰度という観点を持ち、寛容の精神を身につければ、自分をオープンにする勇気が持てる。ファーウェイは中国企業のなかでも突出してオープンな組織だが、それは市場のピラミッドの底辺から頂点に向けて這い上がるために、それ以外には道がなかったからだ。しかしオープンな道を歩むと宣言しても、白と黒、是と非、友と敵などの区別にこだわって妥協を拒否していたら、ファーウェイが今日のように発展することはできなかった。

自然界に純粋な白や黒は存在しない。灰色こそが自然そのものの色なのだ。組織変革に取り組む企業の多くでは、なぜ社員の活力を十分引き出すことができず、むしろ破壊的な亀裂を生じさせてしまうのか。典型的な要因のひとつは、変革を主導する経営者が「白でなければ黒」という極端な思考を持っていることである。あるいは、漸進的な変革に飽き足らず「一気に成果を挙げたい」と望む時、人間は必ず失敗する。その点、灰度哲学を誰よりも深く理解する任は、変革を慎重に起こし、その漸進性を保つ努力を重ねている。

理想主義は組織の目標を照らす光であり、前進の牽引力である。一方、実用主義は組織の戦略および実践の基本原則だ。理想を目指すには必ず現実からスタートし、情勢の変化に合わせて調整し続けなければならない。ある時は均衡を打ち破るために急進的な手段をとり、ある時には均衡を生むためにどっしり落ち着くことも必要だ。

任は灰度哲学を礎とし、ファーウェイの理想と現実を最も高度な次元で均衡させ続けている。これこそまさに、彼の経営哲学の極意と言えるだろう。

（1）南京市の北東にある景勝地。中華民国を建国した孫文や、明朝を建国した朱元璋の墓所などの名所旧跡が点在する。

（2）中国語の題名は「華為的冬天」。任正非がファーウェイの課長級以上の幹部を集めた会議で行った「2001年の経営の十大ポイント」と題する講演をまとめたもので、メディアに広く転載され注目を浴びた。

（3）中国の陰陽思想を表現するシンボルマーク（☯）。ひとつの円を黒（陰）と白（陽）に塗り分け、正反対の性質を持つ両者が無限に変化することで万物を生成する様を表している。

（4）原文は「花看半開、酒飲微酔」。明朝末期に洪自誠が著した処世訓集「菜根譚」が出典。

あとがき

筆者は本書を通じて、ファーウェイが創業以来20年以上にわたって発展し続けてきた理由を客観的、理性的に探ろうとした。また、ファーウェイが将来も生き残り続けるための道筋を描き出したかった。締めくくりにあたり、ファーウェイのこれからの課題について改めて整理してみたい。

一、自己批判を続け、基本的価値観を永遠に保持できるか

繁栄は、人や組織の寿命をしばしば縮めてしまう。「盛者必衰」は必然とまでは言えないものの、IT業界では著名な大企業があっという間に衰退したり、突然破綻したりするニュースが後を絶たない。木炭は究極まで紅くなると燃え尽きて灰になってしまう。ファーウェイはまだそこまで真っ赤にはなっていないものの、だいぶ紅くなっているのは事実だ。

ファーウェイに対するメディアの関心は高く、なかにはその経営を厳しく批判する報道もある。

また、ファーウェイがいずれ成長の壁に突き当たったり、破綻したりするかどうかについても様々な議論がある。とはいえ、少なくとも今日までファーウェイは破綻しておらず、なお発展を続けている。

総じて言えば、ファーウェイは「顧客を中心に、奮闘者を根幹とし、苦しい奮闘を長期にわたって続ける」という基本的価値観を守り、実践してきた。しかし会社の成長とともに、一部の社員が裕福になったり、新人が大量に入ってきたりした影響で、自己批判の精神が弱まり、顧客に対して傲慢な態度をとるケースも見られるようになった。

ファーウェイを取り巻く市場環境は目まぐるしく変化しており、競争の厳しさはかつてないほどだ。過去の成功の延長線上に明るい未来があるとは限らない。ファーウェイはこれからも顧客の声に謙虚に耳を傾け、ニーズに迅速に応えていくことができるだろうか。厳しい自己批判を続け、基本的価値観を永遠に保持することができるのだろうか。

二、会社がますます大きくなるなか、組織や思想の硬直化を防ぎ、柔軟さや臨機応変さを取り戻すことができるか

創業期のファーウェイは柔軟で臨機応変なチームだった。第一線の部隊に十分な決定権が与えられ、機敏で融通無碍だった。そして会社が大きく成長し、マネジメントを強化していくなかで、

今日のような中央集権型の組織へと変化していったのである。その結果、本社が現場の細かいことにまで目を配り、いちいち指示を出す状態になっている。

業務のグローバル化とともに、最前線の部隊と本社の司令部との距離は開く一方だ。そんななか、本社の幹部たちは顧客の生の声をリアルタイムかつ的確に把握することができるのだろうか。もっと現場に近いマネジャーに権限を譲る覚悟が、彼らにはあるだろうか。組織変革が最も困難なのはほかならぬ本社である。ファーウェイは本社の各部門に自主的に権限を移譲させることができるだろうか。

ファーウェイはすでに売上高が2000億元を超える巨大企業であり、世界中の事業所や研究開発センターに約15万人の社員がいる。これほどの大組織を統一されたプラットフォームで運営し、うまく制御することができるのだろうか。組織や思想の硬直化を防ぎ、柔軟さや臨機応変さを取り戻せるだろうか。ファーウェイの経営哲学や、それを受け継ぐ後継者たちは、いま歴史によって試されているのだ。

三、灰度哲学を用いて良好な「ビジネス生態系」を築けるか

ファーウェイが身を置くＩＴ業界では、過当競争がますます深刻化している。このような終わりなき消耗戦が、ファーウェイの総合的な競争力を次第に蝕むことはないのだろうか。また、競

争に勝ち続けながらも謙虚さを維持することができるだろうか。ファーウェイも次第に自惚れ、顧客の声に耳を傾ける辛抱強さを失い、やがて自滅してしまう危険はないだろうか。

重要なのは、激しく変化する市場環境のなかでいかに安定した経営基盤を築くかである。しかし中国に本社を置く企業であるファーウェイは、いわゆる「中国ファクター」から逃れることはできない。通信業はどの国でも基幹産業であり、ライバルとの競争にはしばしば国益の要素がからんでくる。ファーウェイがグローバル事業を発展させるために欠かせないのは、各国の当局と良好な関係を築き、それぞれの国の法律を遵守し、彼らの信頼を獲得することだ。

今や、欧米のライバルはファーウェイを打ち負かそうと必死になっている。ファーウェイのずば抜けた競争力や技術力が、彼らを不安に陥れているのだ。ところが当のファーウェイは、中国の田舎者だった自分たちがいつのまにか世界レベルの大企業になり、他人の足を踏みつけていたことを最近まで自覚していなかった。

ファーウェイは競争相手との関係を見直し、灰度哲学を用いることで、自身とライバルが共存共栄できる良好な「ビジネス生態系」を築かなければならない。果たしてそれができるだろうか。

いずれにしても、ファーウェイはこれまで蓄積してきた文化を尊重し、基本的価値観を守り、自己批判を続けることをやめてはならない。そうすることこそが、激動するグローバル市場で堂々と生き残るための王道なのだ。

ファーウェイの冬

——任　正非

君たちは考えたことがあるだろうか。ある日、会社の売上高が落ち込み、利益がなくなり、破産の淵に追い込まれたら、我々はどうすればよいのかと――。

我々の会社は太平の時期が長すぎ、平時に昇進した幹部が多すぎる。それは我々にとって災難かもしれない。あのタイタニック号だって歓声のなかを出港したではないか。私は確信しているのだ。〝その日〟は必ずやってくると。そのような未来に向き合う時、どのように対処すべきか。君たちは思いをめぐらしたことがあるだろうか。

多くの社員が自信過剰になり、将来を盲目的に楽観視している。それについて考えたことのある者があまりにも少ないとすれば、〝その日〟はもうすぐそこに来ているのかもしれない。「安きに居りて危うきを思う」[1]は決して大げさな言葉ではないのだ。

かつてドイツを視察した時、私は第二次世界大戦後のドイツの復興ぶりに感動を覚えた。当時、ドイツの労働者は団結して賃上げの抑制を提案した。賃金を上げず、経済建設を急ピッチで進めたからこそ、[2]ドイツ経済はあれほど早く再生することができたのだ。

もしファーウェイに本当の危機が訪れたら、社員の賃金を半分にし、君たちに白菜やカボチャを食べて暮らしてもらえば切り抜けられるだろうか。あるいは、社員の半分を解雇すれば会社を救えるだろうか。仮にそれでうまくいくのであれば、危機はもう危機ではない。

なぜなら、危機が過ぎ去った後、我々は賃金を段階的に元に戻していけばよいからだ。あるいは、売り上げの回復とともに、リストラした社員を呼び戻せばよい。とはいえ、もし両方（賃金引き上げと再雇用）を同時に進めたら、やはり会社を救うことはできない。君たちはそんなことを考えたことがあるだろうか。

創業以来、私は毎日失敗についてばかり考えてきた。成功は見ても見なかったことにし、栄誉や誇りも感じず、むしろ危機感を抱いてきた。だからこそ、ファーウェイは一〇年間も生存できたのかもしれない。そして、どうすれば生き残れるかを皆で一緒に考えれば、もう少し長く生き延びることができるかもしれない。

失敗という〝その日〟は、いつか必ずやってくる。私たちはそれを迎える心の準備をしなければならない。これは私の揺るぎなき見方であり、歴史の必定でもあるのだ。

目下のところ、我が社は上から下に至るまで本物の危機意識が浸透していない。このままでは、実際に危機が訪れた時に打つ手がないかもしれない。我々は既に麻痺しているのではないだろうか。危機に対する緊張感が心の中から消え失せていないだろうか。自己批判能力がなくなったり、非常に弱くなったりしていないだろうか。

仮にそうなら、いざ四方から危機に襲われた時、我々はきっとお手上げだ。そして私たち（経営陣）はこう言うしかない。「社員のみなさん、ストライキなんかおやめなさい。そんなことをしなくても、私たちは会社を畳むつもりだ。さっさと機械の電源を切れば電気代も節約できる」と。

〝その日〟が来る前に、我々は危機への対応法や解決策を研究し、備えなければならない。できなければ生き延びるなんて不可能なのだ。

この三年来、私は経営の要点について語る時、社員一人当たりの生産性[3]について繰り返し述べてきた。一人当たり生産性をいかに伸ばすかをしっかり意識しなければ、経営は進歩しない。企業経営にとって最も重要かつ本質的なことは、一人当たり生産性の改善を長期的かつ持続的に追求することだ。それは一般的な経営指標である社員一人当たり利益の増加だけでなく、一人当たりの潜在能力の成長をも含んでいる。

企業にとって必要なのは、短期間で大きくなることでも、強くなることでもない。生き延びる能力と適応力を身につけることだ。「もっと改善できるか？　もっと改善できるか？」という題名の文章を書いてくれた社員がいる。不断の改善を続けてこそ、将来への希望があるのだと。だがファーウェイの社員のなかに、自分の仕事の改善に励んでいる者、もっと改善できないかと工夫を重ねている者が果たしてどれだけいるだろうか。

我が社では、管理職の業務報告の評価基準は常に一人当たり生産性である。それが下がった場合、我々は断固として賃下げを行う。仮にある社員が賃下げを受け入れられないと言うなら、彼にはファーウェイに残って一緒に奮闘してもらう必要はない。私はそう考えている。

ある部門に、過去にどんなミスもしていないが一人当たり生産性が伸びていない管理職がいるとしたら、彼は降格されるべきである。一方、別の部門に、ミスを犯したこともあるが一人当たり生産性を伸ばした管理職がいたら、彼は尊重されるべきだ。ただし、彼のミスは人間性にかかわるものではなく、仕事に思い切って挑戦し、責任感を持って取り組んだものの、経験不足のために失敗してしまったというのが前提だ。また、彼のミスが部門みんなで議論した結果であり、かつミスが起きた後に速やかに対処していたら、彼を抜擢すべきである。

社内の各階層では、保守的であることに長けた幹部が昇進するのを防がなければならない。一つのシステムの中で一人当たり生産性の指標が下がり続けたら、関係部門のリーダーだけでなく上級部門の責任者も全員まとめて辞職すべきだ。なぜなら、それは彼らの人選の問題なのだから。

我々は平時であっても危機感を忘れてはならない。いずれ必ず危機が訪れることをしっかり認識しなければならない。みなさんも知っているように、誰もが認める世界的な一流企業でも、みるみるうちに業績が悪化し、気がつけば崩壊寸前ということが珍しくない。

とはいえ、一流企業には優れた研究基盤や技術的蓄積がある。仮に二年くらい衰退しても、さらに二年あれば世界のトップクラスに復帰できるかもしれない。だが、ファーウェイには何があるだろうか。我々には一流企業のようなぶ厚い基盤も蓄積もない。そのうえファーウェイに優れたマネジメントがなかったら、我々は本当に崩壊してしまい、後には何ひとつ残らず、二度と復活できないだろう。

ファーウェイはいつも「狼が来る」と叫んできた。叫び過ぎたせいで、皆のなかには信じない者も出てきた。だが、狼はいずれ本当に来るのだ。今年、我々は危機に対応するための議論を広く行う必要がある。ファーウェイには、君たちの部門や課には、君の業務プロセスには、それぞれどんな危機があるのかについて議論しなければならない。

もっと改善できるか？　もっと改善できるか？　一人当たり生産性をもっと高められないか？　これらをしっかり議論できれば、我々はお陀仏にならず生き延びることができるだろう。どのようにしてマネジメントの効率を高めるか、私たち（経営陣）は毎年その要点を書き記してきた。これらの要点をもって、君たち（幹部）の仕事を幾分でも改善できないだろうか。もし少しでも改善できれば、我々にとって前進なのだ。

一、均衡の取れた発展は、木桶の「短い板」をつかむのがカギだ

我々はどうすれば生き延びられるのか。考えてもみてほしい。仮に一人当たりの生産量が毎年一五％増加するとしたら、君たちの賃金は変わらないか、多少下がってしまうだろう。電子機器の価格の値下がり幅は年間一五％ではきかないからだ。販売量はどんどん増えているのに、利益はどんどん少なくなる。そんな状況では、我々はもっと働かなければ賃金を維持できない。まして賃上げなんて論外だ。それに、いつまでも終わりなき残業に頼ることはできない。マネジメントそのものを改善しなければならない。

マネジメントの改善にあたっては、我々は「木桶」の側面で一番短い板、つまり短所を重点的に対策すべきだ。各部門や業務プロセスのリーダーは、自分たちのウィークポイントをしっかり把握してもらいたい。均衡の取れた発展を維持するには、業務プロセスや時間効率を重視したマ

ネジメント体系を不断に強化し、会社全体の競争力を高めるという前提の下で、君たちのそれぞれの仕事を最適化し、貢献度を上げていくのだ。

なぜ木桶の短い板を直す必要があるのか。社内では誰もが研究開発や営業を重視するが、在庫管理システムや物流管理システム、経理システム、受注管理システムなどにはあまり関心を持っていない。これらの注目されないシステムこそ、木桶の短い板なのだ。

仮に業務プロセスの前半がうまくいっても、後半が滞って商品を出荷できなければ、それは何もしていないのと同じである。会社全体で統一された価値基準や評価システムをしっかり構築する必要がある。そうすることで初めて、部門間で人材をローテーションさせたり、組織間のバランスをとったりすることができる。

例えば、「自分は素晴らしい研究やイノベーションができる」と自慢する社員がいたとする。だが、その価値を具現化するには必ず商品化しなければならない。技術や営業を重視することについて、私は別に反対しているわけではない。ただ、業務プロセス全体のどの段階も等しく重要なのだということを認識してもらいたいのだ。例えば、研究開発部門とカスタマーサービス部門を比較した場合、等級上は同クラスの社員でも、総合的な能力ではカスタマーサービスのエンジニアの方が研究開発部員を上回るかもしれない。

要するに、私たちがカスタマーサービスというひとつのシステムを尊重しないと、そのシステムは優秀な人材が集まらない組織になるか、またはコストの高い組織になってしまうのだ。なぜなら、彼らは顧客の設備を修理するために各地を飛び回らなければならない。エンジニアの能力が不十分で、一度の訪問で直らなければ、再び飛んで行って修理する。それでも直らなければまた飛んで行って修理する。その繰り返しでは、会社は彼らの賃金を航空会社に全額寄付しているようなものではないか。

もし一度の訪問で修理できたら、あるいは訪問せず遠隔サポートで直すことができたら、一体どれだけのコストを節約できるだろう。このように、我々はある一面ばかり重視してはならず、均衡のとれた発展を目指さなければならない。

例えば、我々が出荷ミスを繰り返し、海外に輸出した商品を送り返してもらうことになったら、それにかかる輸送費や代金の利息もコストに計上しなければならないのではないか。バランスのとれた評価システムを作らなければならない。そうすることで、会社という木桶のなかの短い板を長い板に換え、入る水の量を増やすことができるのである。

ここ数年、我々は製品の研究開発に力を注いできた。ところが、IBMなどの欧米企業が我が社を視察に訪れると、「かなり無駄が多い」と笑われてしまう。と言うのも、我々は素晴らしい研究をたくさんしているのに、商品化できていないからだ。これは事実上の浪費なのだ。我々がシステムの改善を怠れば、経営資源の浪費を招いてしまう。木桶の短い板を減らすためには、均衡のとれた価値体系を構築し、会社全体としての競争力の向上に邁進しなければならない。

二、物事に対する責任と人に対する責任の制度は本質的に異なる。前者は拡張し、後者は縮小すべきだ

我々はなぜ、業務プロセスや時間効率を重視したマネジメント体系を構築しなければならないのか。現在、ある業務プロセス上で働いている中間管理職は、何事も上司の指示を仰ぐのに慣れきっている。だが、それは間違いなのだ。既に規定があったり、慣例化している仕事については、上司の指示を仰ぐ必要はない。さっさと処理すればよいのである。

あるプロセスを実施する人が、起きたことに対して責任を負う。これが物事に対する責任である。一方、何事も他人の指示を仰ぐのは人に対する責任であり、それは縮小しなければならない。我々は確認の必要がないことは減らし、マネジメント体系のなかで不必要な部分、重要でない部分を減らしていかなければならない。そうしないで、どうやって効率の高いオペレーションができるのだろうか。

現在、社内の相当数の部門やチームが〝ガラクタ〟を製造している。さらに、そのガラクタを分別したり、処理したりするという無駄な仕事を、一部の人々のために作り出している。無駄にややこしい文書を作ったり、複雑なプロセスを実施したり、無用の報告書を作成したりすることで、養う必要のない管理職を養っているのだ。

管理職というものは、付加価値を直接生み出すことはできない。我々は業務効率を低下させせな

いようにコントロールしながら、組織をできる限りスリム化しなければならない。

定型化したマネジメントの事務処理は秘書に任せることもできる。マネジャー級の管理職は定型外の事務や、定型事務でも重要性が高く判断がつきにくい案件を処理すべきなのだ。定型事務の比率が増えれば、必要なマネジャーの数もそれだけ減り、コストも下げることができる。我々はチームの数を減らさなければならない。我々の組織は大きすぎるのだ。

条件が同じなら、管理職は少なければ少ないほどよい。もちろんゼロにすることはできないが、我々は断固たる決意で一部の管理職を付加価値を直接生み出すポストに異動させなければならない。そして、ある部門の評価はそこから直接サービスを受ける部門が行うこととし、その評価を部門の賃金やボーナスに関連づける。〝社内顧客〟も顧客に変わりないのであり、これも顧客志向なのである。

我が社のマーケティング部門はからっきし無能だ。そこでは毎日、まるで雪が舞うように書類が飛び交っている。幹部たちは、今日はこの報告書が要る、明日はあの報告書が要る、という具合に、各地の事務所に書類を提出させている。このような幹部は無能なのだ。

各事務所は毎月の業務データをすべてデータベースに入力しているのだから、必要な情報はそこから取り出せばよい。従って、マーケティング部門は明日から余剰幹部を集めて「データベース班」を作り、そこから情報を出させるべきだ。事務所に無駄な報告書を作らせ、（付加価値を生み出している）現場の仕事を邪魔してはならない。

また、マーケティング部門の幹部の評価は必ず各事務所にさせなければならない。彼らに高い点をつけてはだめだ。くやしい経験をさせるべきなのだ。そうでもしないと、幹部たちは私の言う道理が理解できず、部下たちにサービスすることも、現場の戦力を高めることもできないからだ。

肥大化した組織にはダイエットが必要だ。その過程では、少なからぬ人の利益に影響が及び、多くの矛盾にぶつかるだろう。その時、組織のリーダーは模範としての役割を果たさなければならない。勇気をもって責任を担う人が必要なのだ。逆に言えば、責任を担う勇気のない人が幹部になることはできない。一介のエンジニアも立派な仕事なのだから、無理に幹部になる必要などないではないか。

我々は個々の職務のなかで、それぞれが勇気を持って責任を担い、業務プロセスのスピードを上げなければならない。保身術に長けた人はいらない。ファーウェイは社員に比較的良い待遇を与えており、「今のポジションを絶対に譲るな」、「利権を手放してはならない」などと言う人もいる。

しかし自分の利益ばかり守ろうとする人は、その職務を解くべきだ。彼は会社の変革の足を引っぱっているのだから。過去一年間に何の改善にも取り組まなかった者、ミスを一度も犯していない者、改善の成果が見られない者がいたら、彼らを今のポストから外すべきではないだろうか。

部下の一人当たり生産性を向上させられない幹部は必要ない。彼に向かってそう言えば、「私は何もミスはしていない」と反論するかもしれない。しかし、ミスさえ犯さなければ幹部にしてもよいのか。仮にこれまで一度もミスを犯したことがないという者がいたら、それは彼が何もしていないということだ。

反対に、仕事でミスを犯したが、部下たちの一人当たり生産性が大きく向上したという者もいるだろう。私はそういう幹部こそ必要だと思っている。ミスも犯したことがなく、改善も見られない幹部はクビにしていいのだ。

三、自己批判は思想、品格、素質、技能を革新する優れたツールである

我々は、自己批判を中心に据えた組織の改造と最適化を進めなければならない。自己批判とは批判のための批判であってはならず、何かを全面否定するための批判でもない。自己を最適化し成長させるための建設的批判なのだ。そして、自己批判の目標は会社の核心的競争力を向上させることである。

私はなぜ自己批判を強調するのか？　ファーウェイでは自己批判を提唱しているが、相互批判は行っていない。と言うのも、批判とは加減が難しいものだからだ。〝火薬の匂い〟が漂う厳しい相互批判は、チームの間に深刻な軋轢を生じやすい。だが、自分で自分を批判するのはどうだろ

う。人間は自分に対しては自然に手加減するものだ。羽毛のハタキで自分を軽く叩く程度でも、叩かないよりはましで、長年続ければ十分鍛えられる。

自己批判を行うのは個人だけではなく、社内の部門やチームも行わなければならない。各階層のリーダーには、自己批判を通じて自分の専門性や国際感覚に徐々に磨きをかけてもらいたい。真剣な自己批判を行ってこそ、実践を通じて先進的なものを吸収し、自分を成長させられるのである。

会社にとって、自己批判は社員の能力を引き出すための最適な方法だ。しかし、自己批判という〝武器〟の使い方を習得できない社員がいたら、部門のリーダーはその社員を昇進させないでもらいたい。また、二年経っても武器をうまく使いこなせない管理職がいたら、重要な仕事は任せない方がよい。

それぞれの職位にある幹部は、休むことなく奮闘し、進んで学ばなければならない。そして勤勉の精神、献身の精神、責任感、使命感を持たなければならない。ファーウェイでは、一般の社員に対しては献身の精神を求めない。彼らには会社に提供した労力に見合った報酬を支払えばよい。献身の精神は全員に求めるものではなく、もともとそれを持った社員に対してのみ要求し、彼らを将来の幹部として育成するのだ。

また、上級幹部に対しては厳しく要求するが、一般の幹部にはそこまでの厳しさは求めない。幹部全員に厳しい要求をすれば、マネジメントのコストが嵩みすぎる。一般社員だけでなく中間管理職のマネジメントのコストも馬鹿にならないのだ。費用対効果の低いことはなるべく減らさなければならない。だから幹部のレベルに応じて異なる要求をしているわけだ。

いずれにしても、自己批判という武器を使いこなせない幹部は抜擢できない。上級幹部については民主生活会[4]を毎年開催しているが、その場でぶつけられる質問はとても鋭い。その様子を聞いた人のなかには、ファーウェイの社内闘争は激烈だと感じる者もいる。だが、上級幹部たちは互いに質問する時は厳しくても、その後はまた手を携えて奮闘しているではないか。

私は、このような精神がもっと社内に広がって欲しい。現在より下の階層でも民主生活会を開くべきであり、互いに意見を出し合う必要がある。そして、意見を出し合う時は絶対に穏やかに行わなければならない。友人に食事をふるまったり、絵を描いたり、刺繍をしたりする時と同じように、他人を批判する時は心穏やかに、善意をもって、礼儀正しく、謙虚に行うべきなのだ。

民主生活会を火薬の匂いが漂う会議にしてはならない。上級幹部たちの質問が厳しいのは、彼らの素質が高いからだ。末端に行けば行くほど穏やかに行わなければならない。

また、一度だけ言えば改善されるなどと期待してはいけない。一年で無理なら二年でもよいし、三年で改善したとしても遅くはない。各階層の幹部には、民主生活会の場では自己批判の加減をしっかり考慮してもらいたい。人間は痛みを恐れるものだから、痛すぎてもいけない。絵を描いたり、刺繍をしたりする時と同じように、部下の短所を細かく丁寧に分析し、改善方法を提案する。穏やかに行うのが一番なのだ。我々がこれを継続すれば、嵐のような急進的改革よりもずっと効果が大きい。私はそう信じている。

四、職能資格と仮想利益法は、会社が幹部を合理的に評価するための系統的かつ有効な制度である

我々は断固たる決意で職能別の資格管理制度を推進する。そうしなければ、過去のあいまいな評価に基づいた現状を変えることはできない。また、献身的で責任感のある人材を早く成長させることもできるのだ。社員に対してインセンティブの仕組みを明確に示すことは、会社の核心的な競争戦略を全面展開するのに役立つと同時に、競争力を不断に伸ばし続けるためにも有利だろう。

リーダーとは何だろうか。先日のイスラエルの首相選挙では、有権者の長期的視点の不足を垣間見ることができた。イスラエルという小国は、アラブの国々に囲まれながらも、幾たびの戦争を勝ち抜いて生きてきた。しかしイツハク・ラビン氏[5]は、五〇年後や一〇〇年後もアラブが発展しないとは限らないことを意識していた。だからこそパレスチナとの交渉で譲歩し、周辺国と平和的に付き合おうとした。そうしなければ、アラブがひとたび力をつけた時、ユダヤ人が再び散り散りになりかねないと危惧したのだ。

しかし多くの人々は、ただ目の前の利益にばかりとらわれている。イスラエルの有権者は強硬

派のアリエル・シャロン氏(6)が短期的な利益をもたらしてくれると考えたからこそ、彼に投票したのだろう。

だが、真のリーダーは大勢に迎合してはならない。組織が目標に向かって進む際には、仕事のやり方に注意を払うべきだ。仮に目の前の利益を一時的に犠牲にしても、代わりに長期的な発展を得なければならない。

私はかつて、世界的な著名企業でファーウェイの競争相手でもある企業のトップに、こう話したことがある。「私は自分のことをラビン氏の弟子だと思っている。私たちの会社とあなたたちの会社も、互いに補完し合い、助け合い、共に生きていくべきだ」と。私はラビン氏の偉業を引き合いに、ファーウェイとライバルの長期的戦略関係について説明したのだ。

職能資格制度の実務への応用にどう習熟するか。各階層の幹部にとっては容易ならざる課題だ。インセンティブの仕組みを近視眼的に用いてはならず、持続可能な発展を意識しなければならない。部下の短期的な貢献だけでなく、組織の長期的ニーズも重視しなければならない。また、それらを対立させてもいけない。短期ばかり見るのも、反対に長期ばかり見るのも誤りだ。

幹部の業績評価は成果に応じたものを主体とするが、要点となる事象についてはは過去にしっかり遡って考えることも必要だ。判断ミスは一つひとつ遡って検証し、根本的な原因を見つけ、改善しなければならない。また、その過程を通じて優秀な幹部を見つけるのだ。失敗したプロジェクトのなかでも評価すべき行動をした幹部は少なからずいる。業績評価を絶対化したり、形而上学的にすることは避けなければならない。表面的な成果だけでなく、実践経験が豊富で、責任感や技術があり、職能上のパフォーマンスが高い社員を選抜し、会社の柱に育てていかなければならない。

ファーウェイの幹部には勤勉の精神、献身の精神、責任感、使命感が必要だ。良い幹部とそうでない幹部を区別する基準はこれら四つある。一番目の勤勉の精神とは、仕事に対して真摯であるかどうかだ。いつも改善に取り組んでいるが、もっと改善できないか？　もっと改善できないか？　そう自問し続けることこそ勤勉の精神である。

二番目の献身の精神とは、細かな違いを気にし過ぎないことだ。価値評価の体系を完全に公平にすることなど不可能なのだから。職能資格を目分量で評価すれば、きっと公平にできるだろう。だが、精密な秤のようなやり方で評価すれば、公平にするのは不可能だ。

世の中には絶対的な公平などあり得ない。ゆえに、私は献身の精神が幹部を評価する際の重要な要素だと考えている。些細なことまでを気にし過ぎる幹部は、決してうまくいかないだろう。たくさんの部下がいるのに身勝手にふるまい、重箱の隅をつついてばかりいる上司に、部下たちが協力するだろうか？　献身の精神のない者は幹部にしてはならない。幹部たる者は献身の精神が不可欠なのである。

三番目と四番目は責任感と使命感だ。ファーウェイの社員には責任感と使命感があるだろうか？　責任感も使命感もないのに、なぜ幹部になりたいのだ？　もし君が自分の責任感や使命感はまだ足りないと思うのであれば、すぐに改善すべきだ。そうでないと、最終的には君に外れてもらわなければならない。

五、盲目的な変革を避け、肥大化した組織をスリムにする

廟堂を小さくし、方丈を減らし、僧侶を少なくする。組織の改革とはそのようなものだ。原則は常に組織を小さくすることである。

それはなぜか？　例えば、鉄道を設計するためには博士が必要だ。鉄を精錬し、レールを製造するには修士が要る。そして鉄道を敷設するには学士が必要である。しかしレールを敷き終えた後、転轍機を切り替えるために高い学歴は要らない。

同様に、我が社でも組織や業務プロセスのマネジメントを体系化すれば、高いレベルの幹部はそれほど必要なくなる。業務プロセス管理の目的は、ユニット当たりの業務効率を高めて幹部を減らすことである。各階層の幹部の人数を減らすことができれば、コストはたちまち削減できる。

定型化されたフォーマットと標準化された用語を使い、一人ひとりのマネジャーが管理する範囲と内容を拡大させる。情報技術の発展とともに、組織の階層は少なくなり、それらの階層につきものの〝官僚〟が減少し、コストも下がるのである。

情報技術の応用をしっかり実行するには、安定した組織構造と業務プロセスが必要だ。盲目的

な変革を行えば、そのような安定を破壊してしまう。

従って、我々は変革をあまり熱狂的に行ってはならない。場当たり的な革新ではなく、業務プロセスの安定を維持することが肝心なのだ。我々はマネジメントの革新と業務プロセスの安定の均衡をしっかり取らなければならない。

もちろん、会社の競争力や業務効率を高めるためには革新が必要だ。とはいえ、ひとつの会社があまりに頻繁に変革を行っていては、社内外の経営環境を安定させ、持続させるのは難しい。

変革とは何か？　それは深刻な問いであり、決していい加減に考えてはならない。効果的な業務プロセスは長期間にわたって安定して運営すべきであり、少し問題があっただけでいちいち手直しするようでは、それによる改善効果を手直しのコストが上回ってしまうだろう。

安定した業務プロセスに関しては、仮に期待したほど効率が高くないとしても、どうしても変更せざるを得ない重大な欠陥である場合を除いて手を加える必要はない。今後行う変革は、すべて厳格な審査と裏付けを経なければならない。場当たり的な変革はコストが高すぎるからだ。

我々は、「改善は小さく、インセンティブは大きく」という方針を長期にわたって堅持しなければならない。小さな改善を積み重ねるなかから、普遍的な法則を見出し、総合的に分析する。この方針と、会社全体の目標に向かうプロセスを一致させ、関連するプロセスとの調和を図り、わかりやすく整理して定着させる必要がある。

私は若い頃、「複雑なことを簡単にするのはいいが、簡単なことを複雑にしてはならない」という華羅庚(7)の言葉を知った。ファーウェイの社員のなかには、「一つのことを任されたら十のことまでできる」と胸を張る者もいる。だが、そんなパフォーマンスは不必要であり、無能の表れなのだ。ガラクタを製造する社員に仕事を任せるべきではない。

会社が急成長するなか、同時にマネジメントの変革も行う任務は複雑であり、困難であり、まさに「任重くして道遠し」だ。各階層の幹部は、崇高な使命感と責任感を持ち、熱意を抱きながらも冷静に、緊張感を持ちつつも規律を保たなければならない。「大国を治むるは小魚を煮るが如し[8]」という格言の通り、どんなに小さな事でも細心の注意を払って慎重に行わなければならない。業務プロセスを勝手に崩し、ミスの連鎖を発生させてはならないのだ。

私たちのお互いの人間関係についても、常に冷静さを保つ必要がある。少しでも冷静さを欠けばすぐに面倒が起きてしまうからだ。決して軽率な感情に流されてはならない。驕りや焦りの気持ちを戒め、慎んで行動する。衝動を抑えて理性を増やさなければならない。

我々は形而上学的なことや、幼稚で軽率な振る舞い、杓子定規な教条主義や精神論などには断固として反対する。マネジメントを進歩させるには「実事求是」（事実に基づき正しく行動する）でなければならない。とりわけ、表面的には正しくても、実際の効率が低いことには強く反対すべきだ。

六、標準化されたマネジメントはそれ自体が監督の仕組みを内包している。その目的は効果的でスピーディーなサービスの需要に応えることである

我々は業務を主導役とし、会計を通じて監督を行うマネジメント手法の体系づくりを継続しなければならない。業務を主導役にするとは、顧客の潜在ニーズをつかみ、引き出す勇気を持ち、「チャンスの窓」を開いて利益を獲得することだ。チャンスをしっかりとものにし、競争相手との距離を縮め、会社の実力をグローバルなレベルに高めることで生き残るのだ。

では、会計を通じて監督するとはどういう意味か。それは業務上の目標達成を確かにするため、（各部門に対して）標準化された財務サービスを提供することだ。それによって素早く、正確で、秩序立った会計処理が可能になり、事務コストを引き下げることができる。

標準化とはいわば〝ふるい〟である。財務サービスを行いながら業務の監督も完成させる。サービスと監督をすべての業務プロセスに融合させなければならない。また、過去に遡って会計をチェックし、責任を検証する。その過程を通じて優れた幹部を見つけ出し、溜った澱を取り除くのだ。

業務を主導役とし、会計を通じて監督とするマネジメント体系を推進するにあたっては、地域別や業務別のオペレーション管理と、統一化された財務サービスのオペレーション管理を分離しなければならない。財務サービスは全国レベルやグローバルなレベルでの統一が必要だ。

七、変革と向き合うための平常心を持ち、変革を受け入れる心の度量を養わなければならない

我々は正しい意識を持って変革に向き合わなければならない。変革とは何だろうか？　それは組織内の利益の再分配であり、大がかりなことである。変革の実行には強力なマネジメント体制が必要であり、それがないと利益の再分配は困難だ。そして変革の過程では、利益分配の古いバランスを新しいバランスへと一歩ずつ移行させる。そのようなバランスの再調整は、企業の競争力向上や業務効率化を促進するうえで必須である。

だが、利益分配とは永遠にアンバランスなものでもある。我々が目下行っている幹部ポストの変革も、利益の再分配に役立つだろう。仮に大幹部が小幹部に変えられたり、自分の牙城を解体されたりしても、必ず正しい意識で対応しなければならない。幹部が正しい意識を持たなければ変革は受け入れられず、成功は不可能となるのだ。

社内情報システムが整備されるとともに、従来のような多階層にわたる情報伝達や組織構造はフラット化されるだろう。中間階層が減れば、その分の幹部が余剰になるから、彼らを新たな持ち場に異動させなければならない。それを迅速に滞りなく進めれば、大規模なリストラを避けることができるだろう。

私は米国に出張した時、ＩＢＭやシスコ、ルーセントなど欧米の大企業の経営者たちと「ＩＴ（情報技術）とは何か」という議論をしたことがある。彼らに言わせれば、ＩＴとは「人減らしに

人減らしを重ね、さらに人減らしをすること」だという。人手で行っていた作業を〝電子の流れ〟に置き換え、オペレーションコストを引き下げ、企業の競争力を強化するのだ。

ファーウェイも、まもなく同じ問題に向き合うだろう。ＩＰＤ（統合製品開発）やＩＳＣ（統合サプライチェーン）、財務サービスの標準化、社内情報システムを支えるネットワークなどの構築が進むにつれ、中間階層は消失していく。来年か再来年には多数の幹部ポストを削減するつもりだ。

このような局面は、今日既に見えているものである。幸い、我々の業務は拡大しており、多くの新しいポストも生まれている。君たちはそれらの新しいポストを急いで奪いに行くべきだ。幹部だろうと一般社員だろうと、従来のポストの削減は避けられないのだから。

ファーウェイでは終身雇用制を約束したことは一度もない。私は創業時代から「来る者は拒まないが、去る者も追わない」と言い続けてきた。また、会社と社会の間の人材交流も必要だ。会社にとっては余剰な労働力も、社会の別の場所で必要とされているかもしれない。一方、社会には我々に不足している人材がいるはずだ。

会社という木桶の「長い板」と「短い板」を調整するためには、社内のポストや人材の流動性が重要である。迅速で滞りない人事調整により、将来の大規模なリストラを回避できるからだ。もちろん、個々の幹部にとっては昇進するケースも降格されるケースもあるだろうが、会社全体の競争力が向上させることこそ、全員のためではないだろうか？　まさに「個人の損得や世間体の良し悪しで一喜一憂しない」[9]という格言通りなのだ。

今日、会社が各階層の幹部に対して考えているのは、君たちを守ることではない。幹部の流動性を高め、新しいポストにスムーズに移すことだ。新たなポストにはなるべく古参社員を差し向け、訓練を積ませる。古参社員は自発的に新しいポストを獲りに行くべきだ。あるいは、意欲のある新入社員にやらせてもいい。彼らにも選択の権利があるのだから。会社全体の競争力を上げることで、社員全員にとっての価値が具現化するチャンスが初めて巡ってくる。

我々は変革に内包された抵抗を取り除かなければならない。そのような抵抗の発生源は、往々にして上級から中級の管理職である。ファーウェイは今まさに組織変革の只中にあり、多くの幹部の職務に目に見える変化が起きるだろう。私たち（経営陣）も幹部の意見に耳を傾けるが、決定には従ってもらう。そうでなければ変革を行うことなどできない。

三年後、変革が軌道に乗ったならば、ポストに関する幹部の希望や要望を私たちも受け入れたいと思う。私たちは君たちの訴えに耳を傾ける。だが同時に、君たちは与えられた職務にしっかり取り組まなければならない。幹部人事についてはこのような方法しかないのだ。

現場の一般社員に関しては、「一つの職務に取り組み、一つの職種を愛し、一つの職種の専門家になる」をモットーに、スキルアップに努めてもらいたい。私は現場の社員こそ専門能力を伸ばし、それによって高い報酬を得られるようにすべきだと考えている。

一般社員を（異なる職務に）配転させる場合は、必ず厳格な審査と責任者の承認を経なければならない。配転を希望したり、既に配転された者については、その能力が新たな職務に求められる水準に達しない場合、退職をすすめることを提案したい。各部門の業務プロセスのなかに、余剰人員や働かない社員がいてはならない。ある部門の幹部の業務効率が低ければ、その部門のトップが責任をとるべきだ。

業務上の調整のための会議などは減らさなければならない。どうしても開かなければならない会議や、直ちに実行しなければならないプロジェクトに係わる会議なども、参加者の数を減らしてもらいたい。業務時間中に無駄な会議を行わないことで、本来の職務に費やす時間と質を確保しなければならない。

八、定型化は全社員のマネジメントを迅速に進歩させる切り札である

我々は、マネジメントを規範化するための要点は仕事の定型化だと考えている。規範化とは何か？　すべての標準的な作業を雛形にし、それに従って仕事をすることである。新入社員であっても雛形を理解し、それに基づいて実行すれば、十分に国際的で専門的な仕事ができる。一般的な人材なら三カ月もあればマスターできるだろう。

それらの雛形は、先輩たちが試行錯誤を繰り返し、長い年月をかけて作り上げたものだ。したがって、それ以上いじる必要はない。各業務プロセスの管理部門には、既に最適化され、効果が

証明されている各種作業の定型化を進めてもらう。明瞭なプロセスや繰り返し実行されるプロセスは、必ず定型化しなければならない。

定型化された一つの作業で同じ結果が得られる場合、投入した人員が少なく、要した時間も短くなった時、初めてマネジメントが進歩したと証明できる。重要な雛形をしっかりと作り、業務プロセスのなかで関連する雛形を結び付けることで、社内情報システムの真価を引き出すことができる。我々はこの取り組みを強化していく。

九、ファーウェイの危機、衰退、破滅は必ずやってくる

ＩＴ業界は今は春だが、冬はもうそれほど遠くない。春でも夏でも、私は冬の問題をいつも意識している。危機をどのように迎えるかについて、何とか時間を作って検討できないだろうか。ＩＴ業界の冬は、ライバル企業にとっては必ずしも冬ではないかもしれないが、ファーウェイにとっては冬になる可能性がある。それも一段と厳しい寒さかもしれないのだ。

我々はまだ未熟過ぎる。これまでの一〇年間、順調に発展したおかげで挫折を味わっていない。それでは、冬が訪れた時に正しい道の進み方がわからないだろう。苦労もまた財産だが、我々は苦労を経験していない。これはファーウェイの最大の弱点である。我々は成長が止まることへの心の準備も、実務の準備もまったくできていない。

危機についての議論で最も重要なのは、自分自身に引きつけて考えることだ。ファーウェイの社員は皆、プロフェッショナリズムが足りない。幹部を抜擢する際は、彼の技能よりも人格を重視すべきだ。人格とは、私がいつも強調している勤勉の精神、献身の精神、責任感、使命感である。

「死」は恒久的なことだが、〝その日〟は必ずやってくる。哲学上の観点からも、自然の摂理からも、我々が死を避けることはできない。しかし自分自身に内在する問題をしっかりと意識できれば、〝その日〟を先延ばしすることができるのだ。君たちにはこのことをしっかり心に刻んでもらいたい。

繁栄の背後には衰退が隠れている。バラの花は美しいが、枝には必ず刺がある。万物は絶えず補完と相反を繰り返し、絶対的なものは存在しないのだ。ファーウェイはまだ成長を続けているので、今年は君たちの収入も幾分増えるだろう。そんな余裕のあるうちに、冬の過ごし方について研究するのがスマートというものだ。平時にあっても危機への警戒を決して怠ってはならない。そうでないと、冬が来たとたんに凍死してしまうだろう。

危機はいつも足音を忍ばせてやってくる。我々は皆、個人的な視点や立場だけで物事を考えてはならない。広く深い懐を持たなければ、変革と正しく向き合うことはできないのだから。皆が自分の利益ばかり考え、変革に抵抗していては、その間に会社が死んでしまう。

変革の過程を通じて、全社員が努力して自分を成長させ、仲間たちと団結し、組織の効率を高める。優れた幹部は自分の席を進んで譲り、部下に昇進のチャンスを与えなければならない。変革のなかでは一部の社員の利益と衝突することもあるはずだが、どうか君たちには愚痴をこぼしたり、不平不満を叫んだりしないでいただきたい。

特に幹部は自律心を持ち、根も葉もない噂を社内に広めないで欲しい。自律心のない人は幹部になれない。なぜなら、根も葉もない噂を広めるような上司を部下が信頼するだろうか？ そのような人物を会社が誤って幹部に登用するのを防ぐため、一般社員を含む全員が自律心を持ってもらいたい。

十、世間の見方には静粛に対応すべし

全ての社員にお願いしたい。ファーウェイに関するメディアの報道姿勢に対し、努めて自重してもらいたい。我々は上場企業ではないのだから、世間に情報を公開する義務はないのだ。私たち（経営陣）は国の法律や規則を遵守し、会社を効率的に運営することに責任を負っている。ファーウェイが昨年納付した付加価値税と法人税は一八億元、関税は九億元、合計で二七億元だった。今年の納税額は七～八割の増加が見込まれ、おそらく四〇億元以上になるだろう。我々は納税を通じ、社会に対する責任を担っているということだ。

メディア業界には彼らなりのルールがある。だが、我々が彼らの土俵に乗る必要はない。

ファーウェイがメディアに持ち上げられてもぬか喜びはいけない。本当に良いとは限らないからだ。逆に批判されたら、我々にどこか改善できる点がないかを確認すべきだ。また、実際に報道が間違っていたとしてもクレームをつける必要はない。時間が経てば忘れられるのだから。みなさんにはどうか冷静であってほしい。

数年前まで、一部のメディアは「ファーウェイは資金不足だ」、「赤字が深刻だ」、「すぐに潰れる」などと報じていた。だが、彼らが潰れると言ってもすぐに潰れるものではない。むしろ、これらの報道を見たライバルが油断し、結果として我々に有利になったかもしれない。

ある米国のメディアは、半年前には「破綻の危機」と報じていたくせに、最近急に「ファーウェイは裕福だ」、「任正非は大金持ちだ」などと言い出した。もちろん、我が社は特に裕福ではないし、私自身だってそうだ。どうだろう、君たちは私が大金持ちに見えるだろうか？　私が冴えない格好で社内を歩き、ただの古株社員にしょっちゅう間違えられていることを、君たちはよく知っているはずだ。

ファーウェイの財務状況は私が一番理解している。昨年末にやっと借金を完済し、無借金企業になれたのだ。もちろん、私自身だって家を買ったし、マイカーも買った。以前はポンコツ車に乗っていたが、会う人会う人から「万一事故に遭ったら危険だから、もっと良いクルマに買い換えた方がよい」と助言されたからだ。

メディアは我々が金持ちになったと言うが、それは本当だろうか。私はそうは思わない。彼らが何を企んでいるかは知らないが、つくり話をしているのだ。従って、社員のみなさんには自律心を持ち、理解できないことを言われても我慢し、向こうの土俵に乗らないで欲しい。そうしないと会社全体に迷惑がかかってしまう。

間違いなく言えるのは、私自身も君たちと同じで、ファーウェイがひとたび破産すれば無一文になってしまうことだ。あらゆる付加価値は、生き続けるなかでしか生み出すことはできない。持続的に発展するためには新陳代謝が不可欠なのだ。私がいつか取って代わられることも、永久不変の自然の摂理である。それに抗うことはできない。だからこそ、平常心をもって対応しなければならない。

我々は自分に対して厳しい要求をし、自分自身のことをしっかり行い、間違っている部分を改善し続けなければならない。私はそう考えている。他人がこれでいいと言ったことも、我々はさらに改善する。他人に間違っていると言われても、時間が経てば彼らに根拠がなかったことを証明できるかもしれない。

私は、君たちが本当に成長し、ファーウェイでの重責に挑戦し、会社全体の悩みを協力して分担し、会社が滅亡への道を歩まないようにしてくれることを願っている。何事にも平常心を持って対応し、全員が全員のために努力しなければならない。社員一人ひとりが持てる全精力を自分の仕事に注いでもらいたい。それぞれが自分の職務をしっかりこなしてこそ、全員のためにより大きな利益をもたらすことができる。

「沈没船の側を何千もの船が行き交う。枯れ木の前で何万もの木々が新緑を輝かせる」[10]。そんな言葉がある。インターネット株の暴落は[11]、ファーウェイの数年後の目標に必ず影響をもたらすだろう。目下の繁栄は、数年前からネット株が急騰したはずみによってもたらされた。「物事が頂点に達すれば必ず反転する」[12]という格言をゆめゆめ忘れないで欲しい。ネットブームの熱気が人々の常識を超えていたのと同様、通信機器業界の冬は想像もできない厳しい寒さになるだろう。予見も予防もしなければ凍死してしまう。その時、綿入りのぶ厚いコートを持つ者だけが生き延びられるのだ。

(初出2001年2月)

［注記］

(1) 原文は「居安思危」。中国の春秋戦国時代の故事に由来する。

(2) 戦後の西ドイツでは労使協調的な「社会的市場経済」が政策的に推進され、結果として賃金上昇のペースが抑えられたとの見方がある。任氏の説明はそれを指しているとみられる。

(3) 原文では「効益」という言葉が使われている。一般的な意味の生産性だけでなく、社員の潜在能力や人間性などの概念を内包している。

(4) ファーウェイ社員が自己批判を行ったり、肩書きの上下に関係なく自由に意見を出し合う場として開かれる会合。自己批判については第9章を参照。

(5) イスラエル元首相。詳しくは第2章の注7を参照。

（6）イスラエル元首相。右派政党リクードの党首として2001年2月の首相選挙に出馬し当選。パレスチナに対する強硬政策を推進した。
（7）中国の著名な数学者。
（8）中国古代の哲学者、老子の言葉。原文は「治大国若烹小鮮」。
（9）中国の宋代の文人、範仲淹の「岳陽楼記」の一節。原文は「不以物喜、不以己悲」。
（10）中国の唐代の詩人、劉禹錫の漢詩の一節。原文は「沈舟側畔千帆過、病樹前頭万木春」。
（11）1999年から世界の株式市場でインターネット関連銘柄が急騰したが、2000年春頃から急落に転じたことを指している。
（12）道教の陰陽思想に基づく格言。原文は「物極必反」。

【著者紹介】

田　濤（ティエン・タオ）

ファーウェイ国際アドバイザリー委員会顧問、浙江大学睿華創新管理研究所所長。過去20年にわたり広告、出版、メディアの分野で様々な仕事を手がけてきた。北京無限訊奇信息技術および北京山石網科信息技術の共同創業者でもある。

呉　春波（ウー・チュンボー）

中国人民大学公共管理学院教授。
1962年生まれ。98年中国人民大学で経済学博士号を取得。95年からファーウェイのアドバイザーを務め、「ファーウェイ基本法」の起草や人材マネジメントシステムの設計などに携わった。

【監訳者紹介】

内村和雄（うちむら　かずお）

1967年生まれ。出版社の駐在員として中国と香港で10年余りを過ごす。2010年に独立し、中国関連の書籍や記事の翻訳、企画などを手がけている。

最強の未公開企業　ファーウェイ
冬は必ずやってくる

2015年 2 月26日　第 1 刷発行
2017年12月26日　第 2 刷発行

著　者――田濤／呉春波
監訳者――内村和雄
発行者――山縣裕一郎
発行所――東洋経済新報社
〒103-8345　東京都中央区日本橋本石町 1-2-1
電話＝東洋経済コールセンター 03(5605)7021
http://toyokeizai.net/

ＤＴＰ…………アイランドコレクション
装　丁…………橋爪朋世
印　刷…………東港出版印刷
製　本…………積信堂
Printed in Japan　　ISBN 978-4-492-50266-2